Timeless
South America

美丽的地球

南美洲

刘莹 田野 / 著

中信出版集团·CHINACITICPRESS·北京

图书在版编目（CIP）数据

美丽的地球. 南美洲 / 刘莹, 田野著. -- 北京：
中信出版社, 2016.7（2024.12重印）
ISBN 978-7-5086-6208-4

Ⅰ.①美… Ⅱ.①刘… ②田… Ⅲ.①自然地理－世
界②自然地理－南美洲 Ⅳ.①P941

中国版本图书馆CIP数据核字(2016)第100228号

美丽的地球：南美洲

著　　者：刘莹 田野
供　　图：刘莹 田野 全景 TPG　Corbis　Minden Pictures
　　　　　 Getty　东方IC　National Geographic Creative
策划推广：北京全景地理书业有限公司
出版发行：中信出版集团股份有限公司
　　　　　（北京市朝阳区东三环北路27号嘉铭中心　邮编　100020）
　　　　　（CITIC Publishing Group）
承 印 者：北京中科印刷有限公司
制　　版：北京美光设计制版有限公司

开　　本：720mm×960mm　1/16　　印　　张：16　　字　　数：140千字
版　　次：2016年7月第1版　　　　　印　　次：2024年12月第20次印刷
审 图 号：GS（2021）5611号
书　　号：ISBN 978-7-5086-6208-4
定　　价：78.00 元

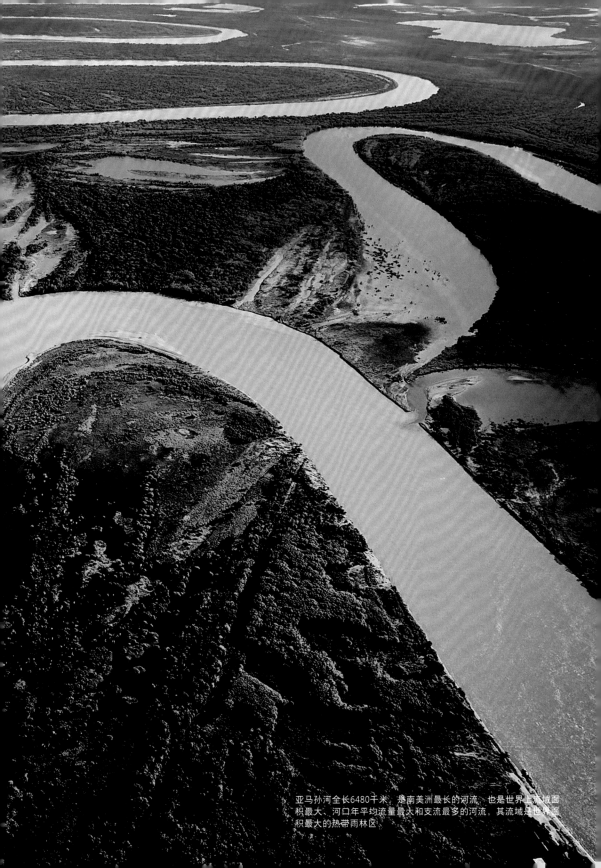

亚马孙河全长6480千米，是南美洲最长的河流，也是世界上流域面积最大、河口年平均流量最大和支流最多的河流，其流域是世界面积最大的热带雨林区

被称为"南美洲脊梁"的安第斯山脉是世界最长的山脉,纵贯南美大陆西部,南北绵延8900千米。高耸的雪峰、宁静的湖泊、蜿蜒的河流、静静的草地是这里的常见风景

潘塔纳尔湿地位于南美洲中心地区，主体在巴西境内，被誉为"世界湿地之最"，是全球面积最大的沼泽湿地，也是地球上动植物最密集的生态系统之一

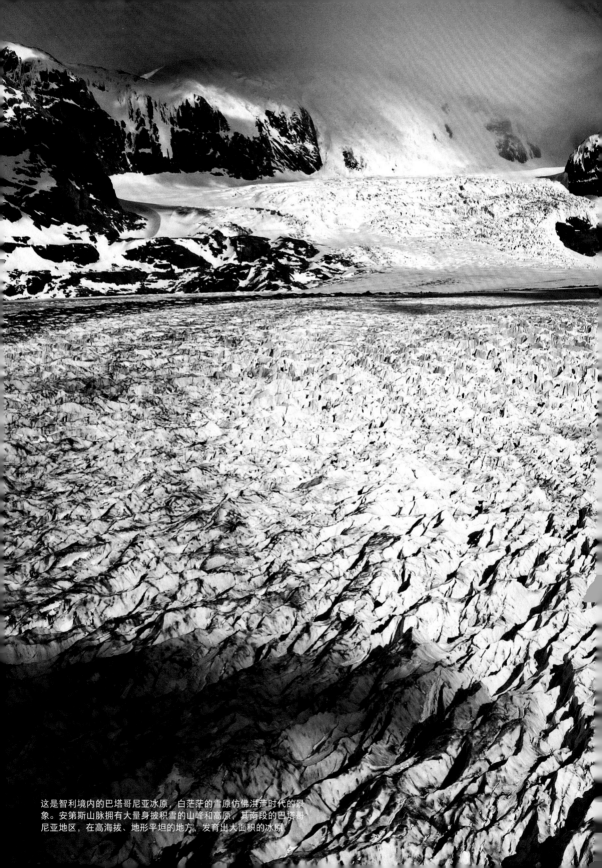

这是智利境内的巴塔哥尼亚冰原，白茫茫的雪原仿佛洪荒时代的景象。安第斯山脉拥有大量身披积雪的山峰和高原，其南段的巴塔哥尼亚地区，在高海拔、地形平坦的地方，发育出大面积的冰原

马丘比丘被称为"迷失之城"，它是印加人在山区腹地建筑的城市，
随着帝国的灭亡而被人们遗忘了几百年，直到被后来的探险家发现

乌尤尼盐沼是世界最大的盐沼区，位于安第斯山的高原腹地。这里曾是古代海洋，现在由于水面不断蒸发而变成一片面积巨大而平坦的白色盐沼

Contents
目录

Preface
前言

　　南美洲注定是一片孤独的大陆。它的东面是汹涌的大西洋，西面是浩瀚的太平洋，北面有温暖的加勒比海，南面则隔着德雷克海峡与寒冷的南极大陆相望，只有通过狭长的中美地峡与北美大陆相连，却又被巴拿马运河人为地分为两部分。

　　这块大陆的"孤独"始于一亿多年前的白垩纪。当时开始扩张的大西洋把它与其他大陆分隔开来，直到300万年前，中美地峡抬升出海面，才让南美与北美大陆连接起来。

　　在世界第一大洋和第二大洋的合围下，这片神奇的土地却耸立起世界最长的山脉——安第斯山脉。大山与大洋的较量，让这里发展出独特的自然环境和地理面貌：干旱的地方格外严酷，曾经近一个世纪滴雨未降的阿塔卡马沙漠，有着酷似外星的景观；湿润的地方特别润泽，雨季一到，亚马孙河与它的支流水位涨幅最大能到20米，浸入雨林几千米远；静谧的地方不似凡尘，远到地平线都是白茫茫一片的乌尤尼盐沼让人失去时空之感；热闹的地方异常喧嚣，绵延4000米长的伊瓜苏瀑布群轰鸣的水声在丛林中回荡，绵绵不绝……

　　"亿年孤独"也造就了南美洲独特的生物资源。在漫长的岁月中，这里的生物得以在受外界影响较小的情况下自由演化，形成了与其他大陆大异其趣的生物群落。无论是在世界上最大的湿地潘塔纳尔、地球之肺亚马孙雨林，还是为达尔文进化论提供重要证据的加拉帕戈斯群岛，甚至在最接近南极大陆的火

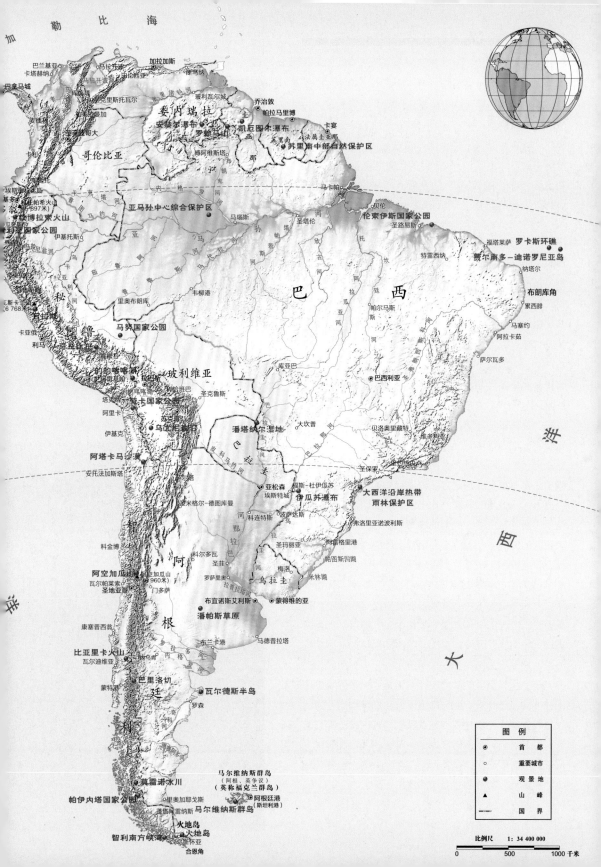

地岛和终年积雪的安第斯山瓦拉斯地区，都能发现自成体系却又生机盎然的生物圈。那里生活着无数让人惊叹的神奇物种：有着无数神秘传说的亚马孙淡水河豚、生活在赤道线上的企鹅、翼展超过3米的巨鸟安第斯神鹰、体重超过300千克的巨大陆龟、只有一个鸡蛋那么重的袖珍小猴……最令人向往的是，南美洲目前依然有大量未被人类探知的生物种类。

对于喜欢探索秘境和热爱自然伟力的探险者来说，南美洲无疑是他们眼中的天堂！在这里，你可以充满好奇地在热带雨林中徒步，寻找古代文明的遗迹，也可以登上一座座冒着热气和烟尘的活火山；你可以潜水去探秘奇特的水下"黑烟囱"，也可以乘着芦苇编制的草船，漂浮在如同天空一样辽阔湛蓝的的的喀喀湖上。

4万多年前，来自亚洲的狩猎者追逐冰河末期的兽群登上南美大陆。他们有的进入荒蛮的雨林所覆盖的平原地带，有些落脚在连绵的安第斯山区，有的在太平洋沿岸安营扎寨，还有的远赴大陆之外，在寒冷阴湿的火地岛定居下来。这些人驯化了本地物种，建立了自己的文明，最著名的当属15世纪的印加文明。印加人在安第斯山区建立了幅员辽阔的帝国，发展了以玉米、马铃薯和羊驼为代表的农牧文明。如今，无论是印加圣谷还是"失落的城市"马丘比丘，这个庞大帝国的废墟依然散落在安第斯山脉的峰巅与谷底之间，任人凭吊……

从早期的欧洲探险家到现代的访问者，几百年来，人们依然为这片充满魅力的神奇土地所倾倒。而更多没有去过的人们，更对其绚丽多彩的自然与人文景观无限向往。奇特的桌山、凶险的雨林、血腥的食人鱼、炫丽的金刚鹦鹉、呆萌的羊驼……你所熟悉的文学与影视作品里的梦幻家园和奇怪生物多源于南美洲独特的自然环境。而与众不同的自然环境则孕育出独具特色的文化：热烈的狂欢节、奔放的桑巴舞、激情四射的足球、浓烈的甘蔗酒、神秘的原始部落……南美洲融合了来自世界各地的文化，并向全世界传递出一种多元化的开放心态与热情的正能量。

对于一切大自然的敬畏者和爱好者来说，南美洲虽然遥远，却是此生可及的天堂！

阿塔卡马地区有众多颜色各异的盐湖，它们呈现出红色、绿色、黄色等多种色彩。盐湖的颜色与它所含的矿物质以及其中生活的微生物有关

巴塔哥尼亚地区面积广阔，有壮丽的高山和粗犷的荒原，以大风和荒凉之美著称。这里人烟稀少，羊驼等野生动物是这一地区真正的主人

01

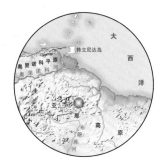

罗赖马山是南美洲北部帕卡赖马山脉的最高峰。在当地佩蒙人的传说中，罗赖马原是一棵参天巨树的树冠，那里生长着世界上所有种类的水果和蔬菜。后来他们的一位祖先砍倒了这棵大树，树冠坠落到地面，引发了一场灭世洪水。图为罗赖马山被云雾环绕的奇景

巴西—委内瑞拉—圭亚那

Mount Roraima
罗赖马山

在小说《失落的世界》（*The Lost World*）中，柯南·道尔描述了亚马孙河流域中一个与世隔绝的世界：那里有一座边缘陡峭、顶部平坦的平顶山，如同耸立云端的"桌山"，时常云雾缭绕，似乎是魔鬼和海盗在比赛抽烟。特殊的自然环境，使许多动植物得以在此存活，而它们在地球其他地方已经绝迹。这里一直不为世人所知，直到一支探险队来到平顶山，才意外发现了这个进化程度停留在亿万年前的世界。

其实，小说中的世界并非柯南·道尔凭空想象，那座平顶山就是亚马孙北侧高地上的那座大半圆形的罗赖马山。罗赖马山，意为翠蓝、富饶的"大"山，位于巴西、委内瑞拉和圭亚那三国交界处，长约14千米、宽5千米，海拔2810米，是南美洲北部帕卡赖马山脉的最高峰，也是圭亚那的最高点，山体主要由砂岩构成。

罗赖马山矗立在人迹罕至的热带雨林之上，山下一片生机盎然，原始鸟兽的叫声此起彼伏，山腰环绕着棉花糖般的云朵，而在云蒸霞蔚的山林深处，还隐藏着世界上落差最大的瀑布——安赫尔瀑布。

进入罗赖马山的最佳地点在委内瑞拉境内的卡

罗赖马山是南美洲众多河流的发源地，其中一些河流最终汇入世界第二长的河流——亚马孙河，所以这里也是亚马孙河的水源地之一

特殊的地形让罗赖马山的生态系统自成一体。山中生活着大量特有的生物。这只不起眼的小蛙只有指甲大小，看起来就像是一只蟾蜍的幼体，但其实它是一只成年的奎氏对趾蟾，也是当地特有的物种

耸立在热带雨林中的罗赖马山被云雾环绕，看起来奇特而神秘。它位于委内瑞拉、巴西和圭亚那三国交界处，是一座巨大的桌状平顶山，海拔2810米

罗赖马山的山顶上有不少天然形成的水潭，水面四周的崖壁被风化成各种造型，好像仙人修炼之所

奈马国家公园（Parque Nacional Canaima），山下平原上不足1万人口的印第安佩蒙人，就居住在这个3万平方千米的自然生态公园里。虽然他们在此定居仅有200年的短暂历史，但这里的岩石、急流、瀑布等却被他们赋予了神话色彩。罗赖马山已经成了佩蒙人许多神话和传说描写的中心。

作为地球上最古老的地质构造之一的罗赖马山，大约形成于3亿年前，也有人认为可追溯到20亿年前。此山所在地原为宽阔的浅海和三角洲地带，在距今16亿—10亿年漫长的地质演变过程中沉积了巨厚的碎屑岩层。此后，因地壳运动而隆起，一直处于稳定的抬升状态，再经岁月风雨侵蚀成山和耸出地面的岩层，平顶的岩石上还能看到水波纹的痕迹。

虽说罗赖马山是"桌山"，但山顶上却是另外一番风景，如同恐龙时代的地球景象。罗赖马山由于地质构造而隆起，又受到包括安赫尔瀑布在内的上百条瀑布的发力冲击，山体被切成了一个个小块，如同散落在浩瀚大海的岛屿，这些凹凸不平的"岛屿"被风化成黑色的岩石"山峰"。巨大的岩石"山峰"，又经历了几百万年的风吹雨打，被侵蚀成各种不同的形状。如果在那里欣赏，你可以尽情发挥自己的想象力；而如果在上面行走，则极其艰难，却又是一种另类的享受，因为我们必须像可爱的精灵一般在这些岩石"山峰"上跳来跳去。

在岩石"山峰"之间有缓缓流淌着的欢快小溪，还有静卧着的粉色河滩以及晶莹剔透的水潭。最令人不可思议的是，那些常被误以为是沉在沙里的白色碎石，其实是水晶。毫不夸张地说，罗赖马山的山顶遍地都是水晶，大大小小，形状各异，蔚为壮观。为了防止水晶被带走，游人下山都要经过公园方面严格的检查。除了美丽的水晶，山麓也有金刚石、铝土等珍贵的矿藏。

至于罗赖马山上的动植物则更是奇特。由于与外部世界隔绝了几百万年，平顶山上的动植物都是独立进化的。这里曾是翼手龙及其他史前怪兽的栖身处，18—19世纪初，几位科学家先后抵达了山脉顶部，相继发现了大型动物的化石群，后被证实是恐龙化石。如今虽已见不到恐龙，但是大约1000多

罗赖马山顶部比较平坦，而四周边缘则是极其陡峭的崖壁。近乎垂直的悬崖把山顶与山下隔绝开来，让山顶的自然环境成为一个"独立王国"

这些毛茸茸的粉红色"花朵"其实是一种食虫植物，属于毛膏菜科。它们用红色的叶片吸引昆虫，而叶片上的绒毛充满黏性。一旦昆虫碰触到叶片上的毛，叶子就会卷曲起来将昆虫卷住并消化。正是这样的能力，使得这些食虫植物可以在罗赖马山顶缺少养分的岩石上旺盛生长

种植物都是这里特有的。

　　这里生存的动植物让人眼花缭乱，最独特的是食虫植物，如猪笼草和各种兰花。罗赖马山上的猪笼草有黄色的奇异花朵，它凭借美丽的外表、独特的香味，可以吸引昆虫前来采集花粉。当昆虫飞过或是飞落到花蕊中时，猪笼草就会收紧花瓣"吃掉"昆虫。生活在山里的动物包括昆虫、鸟类、两栖动物、小型爬行动物（蛇、蜥蜴）和哺乳动物，还有一些独特的动物，如黑色的微型蛙、原始蟾蜍等。原始蟾蜍并非一般的水生蟾蜍，既不会跳跃，又不会游泳，只能像乌龟一样缓缓爬行。

　　看遍了罗赖马山的山水与花草，不可错过其独一无二的日落。在罗赖马山上的最高峰看日落是很有价值的一件事情。当阳光穿过云海，一缕缕倾泻下来，如同佛光普照般一扫人们旅途的疲惫和艰辛。而罗赖马山旁边的库坎南山则会忽然毫无预兆地出现在眼前，宛如在云海中航行的两艘战舰。当阳光消失，库坎南山也瞬间被收了回去。

　　在罗赖马山不仅可以欣赏到原始美景，还可以充分满足人们回归自然、寻求刺激、挑战自然、挑战自我的欲望，那就是攀岩。罗赖马山遗世独立的陡峭坚壁吸引和征服了无数攀岩爱好者。不过，这是一座要求攀岩者具有勇敢顽强、坚忍不拔的拼搏进取精神，以及良好的柔韧性、攀岩技巧及节奏感才能完成攀登的高峰。

　　天地造化之神奇实在无穷无尽，罗赖马山的奇山怪石与奇花异草，山顶上那些变幻莫测的神秘云海，还有那偶尔冲破云海的阳光都让人充满无限遐想，如能身临其境，一定可以感受到柯南·道尔笔下的那个"失落的世界"。

罗赖马山山顶上的巨石被风雨雕琢成各种奇异的形状，犹如抽象的现代艺术品一般

02

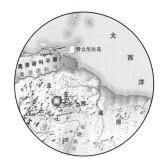

委内瑞拉

Salto Angel
安赫尔瀑布

　　南美大地广袤神奇，不仅孕育了世界上最大的热带雨林和独特的神秘文化，还拥有其他许多世界之最。其中世界落差最大的瀑布——安赫尔瀑布，就隐藏在南美洲北部委内瑞拉的热带丛林之中。

　　安赫尔瀑布，又名丘伦梅鲁瀑布，位于委内瑞拉东南部，卡罗尼河支流丘伦河上，以979米的落差成为世界上落差最大的瀑布。李白诗中所描写的"飞流直下三千尺"在这里成为真实的景象而非艺术的夸张。

　　安赫尔瀑布的秀色藏身于委内瑞拉境内的圭亚那高原密林深处。当地印第安人世代与瀑布为伴，但瀑布被外人知晓却是在1937年。美国探险家詹姆斯·安赫尔在乘坐飞机寻找淘金河流时的一次偶然发现，揭开了它神秘的面纱，安赫尔用自己的姓氏为瀑布命名。1956年，安赫尔去世后，按照他的遗愿，人们将其骨灰撒在了此瀑布中。柯南·道尔的小说《失落的世界》里描述的委内瑞拉东南高原景象中，就提到了安赫尔瀑布深藏在云蒸霞蔚的丛林间。

　　安赫尔瀑布宽约150米，分为两级：第一级是从山顶直泻807米到结晶岩平台，第二级接着再跌落

与大多数瀑布水流直接从悬崖上跌落不同，由于岩层有无数缝隙，丘伦河的水先进入岩层内部，再从石缝中流淌出来，近看安赫尔瀑布顶端，水流好似从山崖涌出的泉水

卡奈马国家公园是委内瑞拉最大的自然保护区，卡劳河（Carrao River）与卡罗尼河等河流从保护区里蜿蜒而过，形成水网，为保护区提供了丰富的水源

位于委内瑞拉东南部的安赫尔瀑布也叫天使瀑布，是世界上落差最大的瀑布，它从陡壁直泻下来，跌落979米。飞溅的水流在空中飘起阵阵白雾，轰鸣的水声在山涧中回荡

比起它惊人的高度，安赫尔瀑布并不太宽，它高悬于山崖上，犹如一匹白绸，飞垂下来，落在绿色的林海中

安赫尔瀑布形成于奥扬特普伊山（Auyan-Tepui）——这是一座平顶的砂岩桌状山，丘伦河从山上流过，遇到断崖，河水陡然跌落，形成了世界上落差最大的瀑布

日出时分，薄雾升起，为群山守护下的安赫尔瀑布披上神秘的面纱。此时的瀑布与旁边的雨林、河流构成一幅色彩和谐的图画，而嶙峋的山崖、诗意的雨林、安静的河流，又为这位"天使"增添了几分仙气

172米，落在山脚下一个宽152米的大水潭内，然后流入丘伦河谷。如果你是一滴水，你需要十几秒钟才能直下冲过那近1000米的巨大落差。尤其是瀑布从高山峭壁之间凌空飞垂的那一瞬间，犹如千万匹猛兽在搏击、在呐喊。珠飞玉溅，水汽氤氲，天地轰鸣，仿佛造物主开天辟地重新塑造的一个世界。能目睹世间如此壮丽的瀑布景观，绝对是对心灵的一大震撼。难怪当地印第安人称其为"出龙"，视瀑布为神灵，并对其充满了崇敬之情。

安赫尔瀑布虽然闻名遐迩，但是要想一睹其"芳容"却不容易。这一带是茂密的热带雨林区，瀑布两旁古树参天，怪石嶙峋，藤葛缠绕。瀑布的底部无法步行抵达，只有在雨季的时候可以乘船进入。瀑布的水量因季节而定，每季相差很大。每年1—5月干季时节，安赫尔瀑布就变成了一条细细的水带，因为有大量雾气笼罩，这条水带也只能回旋在游人的幻想里。每年8—9月的雨季，安赫尔瀑布水流巨大，水声震天，但往往因为云多雾厚而看不清真容。

由于安赫尔瀑布被层层茂密的原始森林所遮蔽，乘坐直升机前往是最好的选择。当直升机飞抵瀑布上空时，瀑布的轰鸣声远远盖过直升机的引擎声，只见一条雪白的绸带飘忽在密林间。直升机在峡谷中盘旋穿行，既惊险又刺激，所以凡是乘直升机观赏瀑布的人，均可获得一张特制的"勇敢的探险者"证书。

安赫尔瀑布下游有一个叫卡奈马的地方，是多股瀑布汇聚之处，沿途可看到河两岸遮天蔽日的原始森林，还有那一条条倾泻而下的银瀑，风景旖旎，令人流连忘返。如果去丛林远足，还可以访问隐藏在绿树繁花中的印第安村落，见识当地印第安人捕鱼狩猎的原始生活，找到返璞归真之感。目前，这里已经建立起包括安赫尔瀑布在内的卡奈马国家公园，并于1994年列入"世界自然遗产名录"，是委内瑞拉唯一的世界自然遗产地。

干季的安赫尔瀑布水流变小，由于落差巨大，瀑布的水落到山脚下时，已经被风吹成雾状向四处飘散了

卡奈马国家公园里河流交错，密集的河网与崎岖的山地造就出众多的瀑布，除了著名的安赫尔瀑布外，这里有百余处大小不同的瀑布，被誉为"瀑布之乡"

卡劳河在卡奈马国家公园蜿蜒流淌，
安赫尔瀑布的水流最终汇入这里

03

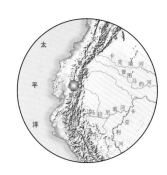

厄瓜多尔

Volcán Chimborazo
钦博拉索火山

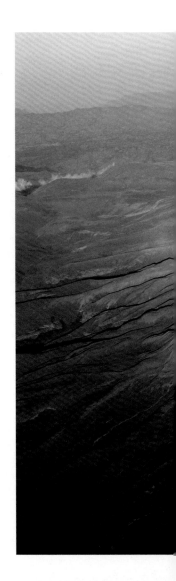

　　说到世界最高峰，你一定会毫不犹豫地回答是亚洲的珠穆朗玛峰，但是在南美洲的厄瓜多尔还有一座"世界最高峰"，它叫钦博拉索火山，从地理学的角度来说，这个"最高"真的名副其实。

　　事实上，钦博拉索火山在很长时间内都被误认为是南美洲最高峰，甚至世界最高峰，包括著名学者亚历山大·洪堡（Alexander Humboldt）也曾这样认为。洪堡是德国人，是近代地理学和地质学的先驱之一，他在考察南美洲赤道地区的山地时曾两次攀登钦博拉索火山。他观察到随着海拔高度的上升，温度会下降，植被、动物等自然景观呈现出明显的垂直变化，从而首次提出了海拔高度对自然环境有影响的论断。这一观点被总结为山地景观"垂直地带性"的地理学重要理论。洪堡虽然没有成功登顶，但是他已非常接近山顶，也打破了当时世人的登山高度纪录。

　　钦博拉索火山是宏伟的安第斯山脉中的一座火山，不过它在人类历史上没有过活动迹象，是一座死火山。它海拔6310米，是厄瓜多尔的最高峰，同时也是地球表面离地心最远的地方。钦博拉索"最高"的秘密在于它的地理位置，它位于赤道附近、

钦博拉索火山附近地区一直是安第斯高原民族的居住区，数百年来，原住民在山坡上开垦出大片的农田，成为美丽的风景

钦博拉索火山地区有大片的农牧场，当地人在这里种植玉米、稻米，放牧牛羊，随处可见田园牧歌的景象

钦博拉索火山是一座圆锥形的死火山，海拔6310米。由于位于赤道附近，它的山顶是地球上距离地心最远的地点，比珠穆朗玛峰顶部距地心还远

在人类历史上，钦博拉索火山既没有爆发记录，也没有活动迹象。它的山顶有多个古代火山口，现在它们大多终年积雪

在高原上生活不易，紫巾山蜂鸟妈妈在喂养两个羽翼渐丰的孩子

一只雄性紫巾山蜂鸟站立在刺菊木上，它们的头部就像蓝紫色的宝石一样美丽。这种鸟大多时间都待在这种灌木上，因为身边的橙色花朵是它们的主要食物来源。它们并不像其他蜂鸟那样经常在空中盘旋着吸食花蜜，在这样的高原上，减少能量消耗保持体温非常重要

南纬1.5°左右。地球并不是一个规则的圆球体，而是赤道长、两极短的扁球，如果测量地球的直径，赤道的数值要大于南北两极之间的距离。钦博拉索火山的顶峰到地心的距离约为6384千米，而珠穆朗玛峰位于中纬度地区，它的顶峰距地心约为6382千米，小于钦博拉索火山。这样算来，如果你成功登上钦博拉索火山，就可以自豪地宣布，到达了地球陆地上离地心最远的地方。

不过，你不要被钦博拉索火山超过6000米的海拔吓住，这其实是一座"和蔼可亲"的雪山。由于海拔高，它的圆锥形山体顶部终年积雪，但赤道地区的空气流动性好，即使海拔很高的地方，空气的氧含量也比同等高度的亚洲山地高，所以这里发生高山反应的概率相对低一些，很适合初学登山的人攀登。

你不喜欢登山也没关系，钦博拉索火山还有很多适合人们参与的户外活动。它山体浑圆，坡度不陡，公路一直修到离雪线不远的地方。游客们通常会上午乘车到达山腰的游客中心，从那里徒步半小时左右就可以到达雪线。附近没有太多植物，宏伟的山体上覆盖着白雪。在终年炎热的赤道附近"玩雪"，想想都是非常有趣的事。很多人捡山坡上的小石子，在雪地上拼出自己的名字。放眼望去，白色的雪坡上遍布着各种文字，倒也壮观。这里的雪累积、消融的速度很快，所以这样类似"到此一游"的痕迹很快就会被大自然抹去，不会造成任何污染和破坏。

回到游客中心，你可以享用午餐和热腾腾的咖啡、古柯叶茶。古柯是原产在南美安第斯山区的植物，一直是高原民族的传统饮品，就像我们中国人的茶叶一样。但是由于古柯能提炼出制作毒品的可卡因，所以一些南美国家禁止大量买卖古柯叶子。游客如果携带古柯叶茶过海关可能会遇到麻烦，所以最好还是在当地品尝。古柯叶茶略显淡黄色，没有太重的味道，通常加入白糖，甜甜的趁热喝。据当地人说，这种茶可以提神醒脑、强身健体，能治愈胃疼、感冒之类的日常小病。

钦博拉索火山的下午通常会起风，适合往山下走。最受欢迎的下山方式是骑山地自行车，因为钦博拉索火山坡度平缓，沿着公路下山，连续几十千米都是下坡，绝大多数时间根本不用蹬车。

随着海拔降低，周围开始出现灌丛和野生动物。在钦博拉索火山很容易见到野生骆马。骆马通常小群活动，它们身上披着黄色的皮毛，成年公骆马胸前有一片长长的白毛，飘逸潇洒，像忠厚的长者。

天空中不断盘旋的秃鹫很常见，全身黑褐色，脖子和头上光秃秃没有羽毛，并不太好看。和普通秃鹫相比，安第斯神鹰就难得一见了。其实它也是一种秃鹫，但体型庞大，是世界上能飞的鸟类中体重最大的。雄性安第斯神鹰能长到15千克重，飞翔时双翼展开达3米多。神鹰身披黑色的羽毛，但是"肩膀"上有一圈蓬松的白色羽毛，显得很威武。雄性头顶有一个大大的肉冠，犹如帝王的皇冠。安第斯神鹰只分布在安第斯山海拔3000米以上的地方，是高山原住民的神鸟。这种鸟非常聪明，可以辨别出不同的人。它们能活到100岁，在南美神话中，安第斯神鹰通常是睿智而又见多识广的象征。

当看到农田和草场时，你就到山脚了。原住民饲养的羊驼悠闲地在山坡上吃草。这些可爱的动物是游客们的最爱，毛茸茸、胖乎乎的小羊驼好奇地望着骑着自行车的人。小羊驼颜色丰富，黑色、白色、浅褐、深褐……还有一些毛色斑驳，带着花纹。

回望钦博拉索火山，雪峰隐藏在平缓山坡的后面。想想自己刚从比珠穆朗玛峰还"高"的地方一路骑行而下，成就感不小吧？

小羊驼可以说是安第斯文明的象征之一，它们是由安第斯山地区的原驼（野生羊驼）驯化而来，其历史可以追溯到两千年前。小羊驼为安第斯原住民提供了重要的肉食，它们的毛也可以用于纺织

安第斯神鹰是新大陆最大的会飞的鸟类，翼展3米的宽大翅膀支撑它们在空中翱翔。达尔文曾经目不转睛地观察它们并描写道："它们的姿势是极优美的……见到这么一只大鸟，一小时又一小时不停地翱翔，飞过高山，飞过大河，似乎毫不疲倦，确实是奇妙而美丽的景观。"

04

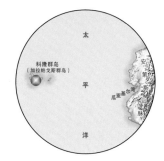

厄瓜多尔

Islas Galapagos
加拉帕戈斯群岛

　　一头笨重的巨龟用粗壮的四肢支撑起自己重达400千克的身体，一米多长的龟壳里发出"吱吱呀呀"的响声，好似一台起重机在运转。巨龟环顾四周，长长的脖子让它的视线能达到1米高，它爱吃的仙人掌遍山都是，看来没有什么值得担忧了，它又缓缓地卧下，一脸严肃地思索我们人类难以理解的那些神秘问题。

　　这是世界上最大的陆龟——加拉帕戈斯象龟。加拉帕戈斯群岛也叫科隆群岛，是赤道附近茫茫太平洋中的一群小岛，到距离最近的南美大陆也有近1000千米，群岛隶属南美洲的厄瓜多尔。这里千百年来默默无闻，对于渴望财宝与冒险的航海家来说，这些面积不大的荒凉小岛没有多少价值。后来这里变成了海盗的基地，继而成为远洋航线上的补给站。如果没有伟大的英国博物学家达尔文，这片群岛也许永远默默无闻。

　　1835年，达尔文以博物学家的身份在加拉帕戈斯群岛停留了一个多月，进行地质学和生物学方面的考察。他发现这里"每一座高山的顶部都有自己的火山口，岩浆流清晰地保留着凝结时的形态。我们必须相信，在最近的地质时期，这里的一切曾被

加拉帕戈斯群岛的沙利文湾，高高
耸立的石笋犹如轮船竖起的风帆，
是群岛的标志性景观之一

加拉帕戈斯群岛是海底火山活动形
成的岛屿群，最早露出水面的岛屿
距今有大约500万年的历史，现在
这里的海底火山依然活跃，随时都
有可能形成新的小岛。这是群岛最
大的一座岛屿——伊莎贝拉岛的一
个火山口

加拉帕戈斯群岛遍布火山景观，岛
上地势崎岖，多火山锥、岩和峭
壁，大大小小的火山喷火口共有
2000多个。这是伊莎贝拉岛的一个
古代火山口，这个火山口已经沉默
很久，坑口内形成一个美丽的湖泊

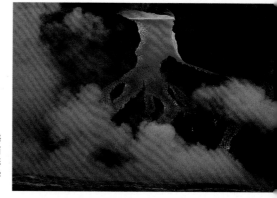

火山喷发出来的岩浆流入海中，海面蒸腾起大片的水雾。在群岛西侧，海面上下都有火山活动，这影响了局部海域的温度和海水的化学成分，让附近地区鲜有生物存活

加拉帕戈斯群岛的动物们对火山活动已经习以为常，一只淡定的海鬣蜥，毫不理会对岸火山冒出的蒸气，悠然地趴在岸边休息

伊莎贝拉岛有几座依然活跃的火山，这些火山有时会大规模喷发，其内部的高温岩浆，会从火山口溢出，有时则不断冒出炙热的气体

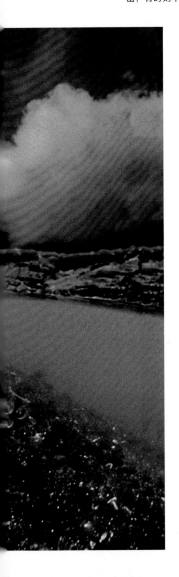

海洋覆盖着"。

　　的确，加拉帕戈斯群岛是海底火山喷发而形成的岛屿，包括十几个大岛、许多小岛以及岩礁。海底火山的喷发年代不一，喷发时间距今最久远的火山已经有500万年，正逐渐向海底沉没，而最年轻的火山依然非常活跃，随时都有喷发的可能。

　　达尔文还观察到，岛屿形成时间的长短与岛上生物的物种之间有着明显的联系。而之前西方人的观念是，生物物种都是上帝创造的，因此有人说，达尔文在加拉帕戈斯群岛与上帝分道扬镳了。

　　对达尔文来说，最重要的动物是两类——岛上巨大的象龟和体形娇小的地雀。他发现，不同岛屿上的象龟总是略有差别，后来经过更多鉴别和比

加拉帕戈斯群岛随处可见火山活动的痕迹，这是岩浆流凝固后形成的岩石。岩浆黏稠如粥，岩石上的纹路可以看出当时岩浆的流动痕迹

较，他提出：地理上的隔绝是造成物种分化的重要原因，比如群岛上象龟的共同祖先是南美大陆上的陆龟，它们之所以变化，是因为迁徙到各个岛屿后，由于环境的差异和长期隔绝，使之沿着不同方向进化的结果。他还注意到群岛上的几种地雀与南美大陆的地雀有亲缘关系，但为了适应岛屿的环境，不同种类的地雀进化出与自己食物相匹配的鸟喙。于是达尔文提出，动物的变化是没有既定方向的，只有适应环境的个体才能生存下来、繁衍后代，这就是生物的自然选择理论。

由此可见，虽然达尔文使加拉帕戈斯群岛名声大噪，但加拉帕戈斯群岛也曾给予达尔文巨大启发，对他创建生物进化理论有很大帮助。

加拉帕戈斯群岛现在被划为生物保护区，也是全球知名的生物研究基地和野生动物观赏地。这里生活着无数令人惊异的动物：你以为企鹅只生活在南极，可这里却有唯一一种住在赤

加拉帕戈斯群岛是世界上为数不多能看到大群鲨鱼的区域，包括双髻鲨在内的多种鲨鱼是这片海域生态环境的重要组成部分

蝠鲼又叫魔鬼鱼，它们身体扁平，最宽可达8米、体重超过3吨。虽然体型庞大，但是它们性情温顺，主要以浮游生物为食。在加拉帕戈斯群岛，经常能看到蝠鲼跃出海面的场景

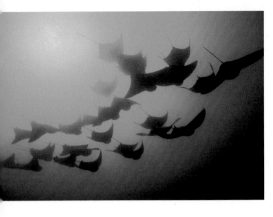

鳐鱼是鲨鱼的近亲，在加拉帕戈斯生活的鳐鱼中，成群游弋的斯氏牛鼻鲼是水下最为壮观的景色之一，它们如同鸟儿一样挥动"双翅"，在大海中"翱翔"

加岛环企鹅不像南极地区的企鹅那样体态肥胖，它们身高仅有50厘米，体重2~2.5千克，是企鹅家族中体型最小的一种，也是世界上唯一一种生活在赤道地区的企鹅

加拉帕戈斯群岛的海鬣蜥是唯一一种在海中生活
和觅食的蜥蜴。其外表类似其近亲陆鬣蜥，但身
体主要是黑色，达尔文形容它们"外貌显得很凶
恶"。海鬣蜥依赖灵活的尾巴游到海中啃食藻
类，然后回到陆地上通过晒太阳恢复体温

加拉帕戈斯群岛的陆鬣蜥身披鳞
片，背脊上长着一排三角形刺骨，
体长1米左右。它们其貌不扬，生
性很温和，而且过着令人类羡慕的
"慢生活"：白天在火山岩上晒太
阳，到了夜间回到洞穴中睡觉，以
岛上的仙人掌等植物为食

道地区的企鹅；大型食肉动物通常不会聚成大群，而体长4米、有着锋利牙齿的双髻鲨却在这里聚集成好几百头的团队，像黑帮示威一样掠过水底；体重超过1吨、被称为"魔鬼鱼"的蝠鲼，轻盈地从海面跃起，在空中优雅转身……

在加拉帕戈斯群岛，没有比观赏野生动物更简单的事了，与外界数百万年的隔绝，让它们并不懂得人类有多危险。它们总是自信满满，毫不怕人。如果你站在沙滩上，海狮可能跑到你的脚边睡下，原来它只是中意你身体遮出的那一小片阴凉。而在码头附近，海狮总是占领船舷，船员们习惯于每天早起先赶走海狮再开始一天的活计。

加拉帕戈斯群岛是鸟类的天堂，在总面积约8000平方千米的群岛上，生活着超过100万只的鸟类。想当初达尔文登临这里时，铺天盖地的鸟儿必定给他留下了很深刻的印象。现在，这里最引人注目的是军舰鸟和鲣鸟，它们不仅体型大，形态也优美。可爱的鲣鸟是群岛的"吉祥物"，这里有蓝脚鲣鸟、红脚鲣鸟、面具鲣鸟三个种类。每到繁殖季节，各种雄鲣鸟都会跳起各自的独特舞蹈，有的左右摇摆，有的弯腰鞠躬，以讨雌鸟欢心。

在加拉帕戈斯群岛的海滩上散步，经常能遇到微缩版的"恐龙"——海鬣蜥。这种独特的蜥蜴身长将近1米，身上的鳞片有点儿像鳄鱼皮，又厚又硬，头顶的鳞片长成一个个钝圆锥，又硬又粗糙，最特殊的是，它们脊背上长有一排尖利的刺，仿佛全副武装的战士。

除了海鬣蜥，群岛上还生活着它们的亲戚——陆鬣蜥。陆鬣蜥能长到一米多长，也许是登山爬坡更需要力气吧，它们的身形要比海鬣蜥粗壮不少，体重能到十多千克。陆鬣蜥身体颜色丰富，通常是鲜艳的黄色，在繁殖季节，有些雄性身上还会出现深红到黑色的花纹。

每个登上加拉帕戈斯群岛的人都想在这里发现点什么，既然达尔文能在这里受到启发，进而提出伟大的生物进化理论，那么面对同样的风景和海滩，你又会有怎样奇妙的思考呢？

一只象龟静卧在地上不动，好似一块大石头，对要落在它身上的鹰并不理睬。象龟的壳对身体起着极好的保护作用，别说是一只飞鸟，就连一个成年人站到它背上也没有关系

巨龟是加拉帕戈斯群岛的象征。作为世界上最大的陆龟，加拉帕戈斯象龟体重可超过400千克，长度超过1.8米，寿命可以超过200年。象龟以植物为生，多汁的仙人掌、灌木上的叶子和浆果是它们的最爱。这里曾有25万只左右的象龟，但由于人类的捕杀，现仅剩2万只左右

加拉帕戈斯群岛有很多雀鸟，其中包括13种独特的地雀，它们对达尔文的生物进化论有着非常重要的意义，因此被命名为"达尔文雀"

大约有一半的蓝脚鲣鸟在加拉帕戈斯群岛繁殖。别看它们样子呆呆的，却是一流的潜水高手，可以从30～100米的高空中如箭一般冲进水中，并潜入25米深处捕鱼。它们特殊的蓝色脚掌是鸟类中独有的，其成因至今仍是个谜

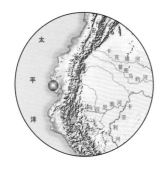

05

一只蓝脸鲣鸟在保卫它的幼雏。马查利亚国家公园栖息着超过270种的鸟类，富饶的海洋为它们提供了丰富的食物和良好的生存环境

厄瓜多尔

Parque Nacional Machalilla
马查利亚国家公园

　　厄瓜多尔虽然面积不大，却被人们概括为"四个地区、两个半球、一个国家"，是地球上动植物种类最丰富的国家之一，被称为"差异天堂"。而作为厄瓜多尔整个沿海地区唯一的国家公园——马查利亚国家公园，则集中体现了这种差异化景观。

　　马查利亚国家公园位于厄瓜多尔西部的马纳维（Manabí）省，始建于1979年7月26日，面积750平方千米。国家公园的建立旨在保护这里独特的沿海陆地、海洋栖息地，以及大量的考古遗迹。公园面积有1/3为海洋，包括沙朗贡等岛屿、伊斯拉拉普拉塔和洛杉矶弗赖沙滩线，其余为陆地热带干旱森林。

　　洛佩斯港（Puerto López）是欣赏太平洋海岸干旱森林的好地方。这里有高大的木棉树、各种各样的无花果树和成片的灌木丛所组成的干旱森林，郁郁葱葱，生机盎然，与湛蓝的海水交相辉映，形成一幅美丽的画卷。在沿海地区生长着硬木丛林，主要由多刺灌木、高大的仙人掌组成。让人担忧的是，近些年人类砍伐已经威胁到热带干旱森林脆弱的生态。

　　马查利亚国家公园栖息着超过270种的鸟类。位于洛佩斯港以北40千米处的普拉塔（Plata）岛是马

位于洛佩斯港以北40千米处的普拉塔岛是马查利亚国家公园的精华所在。岛上无人居住，数不胜数的海鸟是这里的主人，因此这里是观鸟的好地方

每年座头鲸都会光顾马查利亚国家公园附近的海域。最引人注目的是它们的"鲸跃"行为，它们可以使自己整个庞大的身体都腾空跃出水面，而落下时造成的巨大水花极为壮观

森蚺是一种体形很大的蛇类，无毒，栖息在热带地区的雨林或湿地中。森蚺的幼体通常会在树木上攀爬，捕捉鸟类和鼠类。随着成长，它们会改到地面活动，尤其喜爱在水中活动

俗名"角蛙"的角花蟾是南美洲特有的蛙类，斯托尔角花蟾是其中个头最小的种类。它们生活在相对干燥的环境中，在非繁殖期会把自己埋在土里等待猎物

查利亚国家公园的精华所在。岛上无人居住，数不胜数的海鸟是这里的主人，这里是观鸟、观鲸的好地方。岛上有很多大型鸟类，军舰鸟、红脚鲣鸟、蓝脚鲣鸟、信天翁、鹈鹕……富饶的海洋为它们提供了丰富的食物和良好的生存环境。

军舰鸟因为喜欢跟着远航的军舰而得名，它们是世界上最善于飞行的鸟类之一。科学家用卫星跟踪仪发现，它们可以飞到离家1600千米远的地方寻找食物。军舰鸟身披黑色的羽毛，翼展可达3米。它的翅膀上那漂亮的暗绿色，飞翔时在阳光照射下闪着金属般的光泽。当有鱼群游到海面时，军舰鸟会像子弹一样俯冲下来，用尖利的爪子把鱼抓住。除了自己抓鱼，军舰鸟还有一种不良嗜好——"拦路抢劫"。当其他海鸟抓到鱼，正想飞回岛上美餐时，军舰鸟便在空中发动突然袭击。海鸟受到惊吓，嘴一松，鱼从口里掉下，军舰鸟趁机飞到下方接住，"不劳而获"享受美味。军舰鸟还有一个最著名的特点，就是在繁殖季节，雄鸟会把喉囊充气，鼓成一个鲜红色的"气球"，用这种办法吸引雌鸟的注意。

普拉塔岛上还有一种格外美丽的鸟，它们个头不大，看上去像小型的海鸥，全身洁白的羽毛，只在眼睛上部和翅尖上有一些黑色。它们与海鸥的不同之处是尾巴上有两根长长的白色羽毛，飞翔的时候，两根长羽随风飘荡，好像仙女的飘带。这种鸟叫长尾萱鹬，也叫热带鸟，只分布在赤道附近。

每年6月中旬到10月中旬，座头鲸就会在普拉塔岛附近的海域聚居交配，形成一道独特的景观。座头鲸体型巨大，体重能达到二三十吨。它的背鳍较低，又短又小，向上弓起，形成一条优美的曲线。座头鲸性情温顺，非常聪明，是一种社会性动物，经常以互相触碰的复杂动作传递信息。别看座头鲸躯体庞大，游泳速度较慢，在海面上游动时仿佛一座移动的冰山，但却是"花样游泳"的高手。它们喜欢先在水下游一段，突然冲出水面，鳍状肢有意做出弯曲状，完成一个"后滚翻"跃入波涛中。雄性座头鲸还是天生的歌唱家，每年有6个月的时间在唱歌，研究发现，它们居然能够发出7个八度音阶，与交响乐十分类似。在马查利亚国家公园观赏座头鲸 "表演" 是到访厄瓜多尔精彩的保留节目，有机会一定不要错过。

马查利亚国家公园里还有许多文化遗址，如公元前500年的曼蒂诺文化遗址，2500年后的游人可以前去凭吊一番，发思古之幽情。

草原鸡鹭生活在中南美洲的稀树草原和沼泽边缘。它们经常站在高处的枝条上寻觅猎物，一旦有所发现，就飞速猛扑下去

在繁殖季节，雄性军舰鸟会把喉囊充气，鼓成一个鲜红色的"气球"，同时发出刺耳的叫声。它们用这种办法展示自己的魅力，吸引雌鸟的注意

热带鸟，又叫长尾萱鹲，生活在热带海洋地区。这种美丽飘逸的鸟有高超的飞行技巧，可以在空中捕捉飞鱼。它们通常把巢建在岩石的洞穴中，并会年复一年地使用同一个巢穴

06

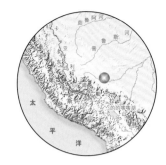

秘鲁

Parque Nacional del Manu
马努国家公园

　　南美洲的雨林中生活着很多有意思的猴子，其中有些猴子，尾巴比身体还长，经常利用长尾巴将自己倒挂在树枝上，被称为"悬猴"；也有些猴子，叫声如同人在哭泣，被称为"泣猴"；还有些猴子，面部有许多皱纹，目光深沉，表现出一副愁眉不展的样子，加上它们特别喜欢长时间发呆，被称为"愁猴"；更有些猴子，因头顶和额部被浓密的猴毛组成了一顶绒帽而被称为"帽猴"。别看这些猴子各有特点，但其实都属于一大类，并且还有一个统一的称呼——"卷尾猴"。南美洲有一个观看卷尾猴最好的地方——马努国家公园，卷尾猴是这里的明星动物，这里也因栖息了多种卷尾猴而著名。

　　马努国家公园位于秘鲁东南部、安第斯山脉东侧斜坡上，总面积18 130平方千米，是世界上最大的热带雨林保护区之一，也是亚马孙盆地中最富特色、最具代表性的国家公园。

　　面积广大的亚马孙流域以平原为主，而马努国家公园则因巨大的海拔落差而截然不同。其海拔落差从4200米直降到150米，4000多米的落差带来了不同物种的垂直分布，为众多动植物提供了赖以生存的欢乐家园，让人身处其间大有览一园足以览天

马努国家公园位于秘鲁东南部、安第斯山脉东侧斜坡上，总面积18 130平方千米，是世界上最大的热带雨林保护区之一，也是亚马孙盆地中最富特色、最具代表性的国家公园

沿着亚马孙河航行，经常可以看到在河边晒太阳的水龟，其中黄头侧颈龟是南美最大的淡水龟之一，可以长到45厘米，寿命超过60年

高跷棕在马努国家公园不难见到。这种树可以长到25米高，但树干只有15厘米粗。它长有很多支撑根，虽然无法使树干加粗，却增加了树的平稳度。这些支撑根看起来像树的腿，因此这种树被称为"走路棕榈"。高跷棕上通常长有很多附生植物，如蕨类、兰花、凤梨等

蜿蜒曲折的亚马孙河穿行在马努国
家公园的热带雨林中

一只趴在枯叶上的蟾蜍，它身上的
颜色和花纹惟妙惟肖地模拟了地上
的枯叶，如果静止不动，很难发现
它的存在

一只全身赤红色的小镰蛇趴在宽大
的树叶上。热带雨林中蛇类众多，
既有超过6米的庞大森蚺，也有这
种只有几十厘米长的小蛇

下之感。1987年，联合国教科文组织将马努国家公园列入"世界遗产名录"。

马努国家公园的气候介于安第斯山的寒冷干燥与亚马孙森林的酷热潮湿之间。每年的10月到翌年4月是雨季，5月初到9月末，月均降水量减少到100毫米。6月温度最低，平均气温为11.1℃；10月最热，平均气温为25.4℃。全年气温变化不大。

地形的巨大变化让这里拥有完整的生态系统，包括低层热带丛林、山区森林以及高山草甸三种迥异的生态环境。低层的丛林一般生长于冲积平原和河间山地，由于受到周期性水源的影响，生长于河间山地的植物随着月降水量的不同而有所变化。其中，冲积平原上的植物会受到周期性洪水泛滥的影响；山区森林则有相对稳定的水源供给，相对于其他热带雨林区，这里温度较低、温差也更大；而到高海拔地区，森林难以生长，高山草甸和低矮灌木取代了高大的树木。公园里，每一种生态环境都衍

由于热带雨林中的树木高大稠密，林中地表通常比较幽暗，阳光不足，这样的环境滋养了很多真菌，如这些黄色的盘菌

生出各自的独特动植物群落。据统计，马努国家公园中受保护的动植物种类堪称世界之最。

　　园中的森林终年被薄雾围绕，适宜的温度和终年潮湿的气候为许多动植物提供了隐秘的生存环境。这里两栖类动物种类异常繁多，其数量超过了人们的想象。迄今已发现1000多种鸟类，约占世界上所有鸟类的15%，是名副其实的"鸟的天堂"。其中至少有13种鸟类是全球已知的濒危动物，著名的鸟类有体型巨大、色彩艳丽的金刚鹦鹉，嘴巴长度占身体总长近一半的巨嘴鸟，体重只有十几克比蝴蝶还要娇小的蜂鸟，等等。公园里还有200多种哺乳动物，仅猴子就有13种，蝙蝠有100种，还有黑凯门鳄、虎猫、巨型水獭、庞大的犰狳、珍贵的美洲虎等。

　　马努河地区200多个"U"字形湖泊为鱼类生存提供了得天独厚的条件。湖中生活着凶猛的食肉龟类，它们是地球上古老的生物，早在6700万年前的白垩纪就出现了。马努河里的大水獭则是庞然大物，最长的能达到2米多，重达30千克，是南美洲特有的动物，数量极少，已被列为世界上最濒危的23种哺乳动物之一。

　　科学家在这里往往会有重大发现。2009年，科学家曾在马努国家公园长满苔藓的高地上发现了平均身长仅11毫米、世界上最小的青蛙——"侏儒蛙"。"侏儒蛙"是生活在海拔3000米以上最小的脊椎动物，颜色呈褐色，非常不易被发现。

　　马努国家公园里分三个区域：核心区、保护区和外围文化区。其中，核心区除了科研人员，不允许其他人进入；保护区是可以旅游的，但是限制人数，且必须有专门的导游带领；而外围文化区则可以自由游览。严格的保护制度，让这里的核心区域几乎保存了最原始的自然状态。

　　马努国家公园中至少有四个不同的民族部落长期居住，有的部落尚未被世人所知。其中的阿拉瓦克民族中的马奇根家族是这里最大、著名的一个部落。马奇根家族以移植栽培方式进行农业耕作，世代在此生活。近年来，这里又发现了一个新的部落——马什科-皮罗（Mashco-Piro）部落，但因其生活受到外部世界干扰而被迫离开了雨林中的家园，走进更深的丛林。

松鼠猴是南美洲最有代表性的猴子之一。它们数量众多而且非常活跃，有时候会聚成数百只的大群集体活动。图中的松鼠猴正在吃它们喜爱的甜果——来昂堇木的果实

黑帽卷尾猴大部分时间都在树上活动，但有时也会下地觅食。它们能够像黑猩猩一样使用简单的工具

麝雉是非常特别的鸟类，在亚马孙
河流域的森林和红树林中生活。它
们最有名的特点在于其雏鸟的翅膀
拥有爪子，这让人联想起鸟类的祖
先恐龙

巨嘴鸟是亚马孙地区的明星鸟，以水果为食。颜色艳丽的大嘴、黑白分明的羽毛和喋喋不休的叫声让它在森林里很醒目。它的嘴看起来很大很沉重，实际上里面是空的

雄性的安第斯动冠伞鸟是南美洲最会"表演"的鸟类，雄鸟们会在林中有阳光的地方向雌鸟跳舞，展示它们最光彩夺目的羽毛

大群的金刚鹦鹉舔舐黏土是马努国家公园中著名的景观之一，吸引了许多游客和摄影师。过去认为这是金刚鹦鹉为了让黏土吸收中和所吃植物中的毒素，但近些年来的研究认为是由于这里远离海洋，鹦鹉需要从黏土中获得所需的钠元素等矿物质

肉垂水雉练就了一身"水上漂"的轻功，它们的脚爪非常大，大脚分散了重力，可以让它们踩在水面植物的叶子上行走自如

蓝黑美蛱蝶

作为世界上生物多样性典型区域之一，马努国家公园中已知的蝴蝶种类超过1200种，它们缤纷靓丽的色彩、多种多样的花纹和轻盈飞舞的身姿都为神秘的热带雨林增添了很多灵气

图蛱蝶

七点图蛱

一群正在地面上吸食矿物质的阔凤蝶

伊龙绡蝶

07

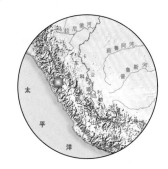

秘鲁

Huaraz
瓦拉斯

　　瓦拉斯是一座被雪山包围的城市，人口不过12万，但每年却有20万的登山客和徒步爱好者随着干热的空气奔赴这里。他们以此为大本营，探索这个安第斯山脉中的美丽之地。当他们走进环抱瓦拉斯的群山之中，当地的孩子们会停住追逐豚鼠的脚步，睁大眼睛看着那些鲜艳的冲锋衣和硕大的背囊在由羊驼和骡子组成的驼队后面晃动。登山客们则大口呼吸着沁凉却稀薄的空气，在一座座亘古积雪的山峰和众多冰川湖之间跋涉前行。

　　瓦拉斯位于秘鲁首都利马以北420千米，是一条印加古道的中心。这条古道连接东部的布兰卡山脉（Cordillera Blanca）和西部的内格拉山脉（Cordillera Negra），穿过一条狭长的谷地，谷地南端平均海拔超过4千米，在150千米的距离内就向北急降2千米，形成了南美洲最摄人心魄的雪山峡谷景观。

　　海拔3052米的瓦拉斯是坐观安第斯山雪峰的最佳地点。天气晴朗的时候，在城市中的任何一个位置，无论向哪个方向望去都可以看到白皑皑的雪山，其中最醒目最壮观的当属海拔6768米的秘鲁最高峰瓦斯卡兰山。

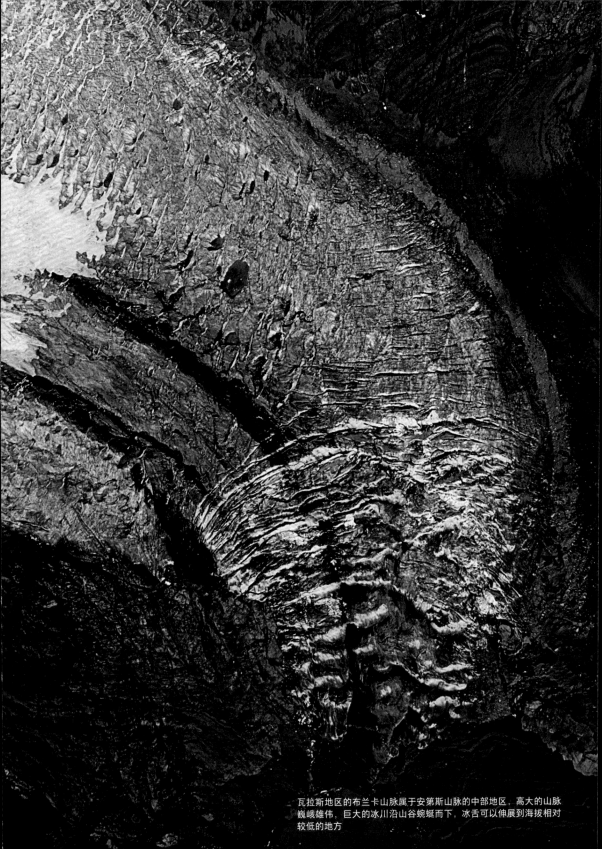

瓦拉斯地区的布兰卡山脉属于安第斯山脉的中部地区，高大的山脉
巍峨雄伟，巨大的冰川沿山谷蜿蜒而下，冰舌可以伸展到海拔相对
较低的地方

瓦拉斯地区有一条狭长的谷地，谷地南端平均海拔超过4千米，在150千米的距离内就向北急降2千米，形成了南美洲最摄人心魄的雪山峡谷景观

在瓦拉斯的任何一个角落都能看到积雪的山巅。城市在逼仄的高海拔谷地中铺开，随着人口的增长向山坡上蔓延。瓦拉斯地区地质运动活跃，地震、滑坡、洪水频仍，但依然难以阻挡人们对这座雪山之城的向往

号称"世界热带第一高峰"的瓦斯卡兰山是布兰卡山脉的主峰。"布兰卡"在西班牙语中的意思是"白色"，因为它的很多山峰终年积雪。而瓦拉斯另一侧的内格拉山脉的意思是"黑色山脉"。这里降水较少，而且是季节性的，一年的大部分时间都可以看到它黑黝黝的岩石山体。融化的积雪汇聚成桑塔河，在两座山脉之间向西北方向奔流，不断地将峡谷向下深切，让山势显得更加峭拔伟岸。

瓦拉斯所在地区属于安第斯山脉中段，曾是这条宏伟山脉地壳运动最激烈的区域。火山、地震的力量迅猛而暴烈，降水、冰川的影响却缓慢而安静。它们共同作用，将山峰刨削成光滑平整的锥状体，还具备刀锋般狭长的山脊线，有些雪山的峰顶甚至像刀刃一般锋利。

瓦拉斯附近的瓦斯卡兰国家公园早在1985年就被列入"世界自然遗产"名录。它的面积约3400平方千米，包括整个布兰卡山系和7座海拔6000米以上的雪山（其中海拔6768米的瓦斯卡兰山为全国最高峰），在某些地方甚至可以看到被十几座雪山环绕的奇景。六七百条冰川活跃而充满动感，从峰顶伸出闪亮的冰舌刨蚀出众多冰川湖。400多个湖泊和40多条河流养育了众多的奇异物种，让雪山不再寂寞。

这里是数百种动物的家园，其中不乏安第斯神鹰、美洲狮、野生羊驼、眼镜熊、安第斯貘等珍稀动物。其中，眼镜熊是南美洲独有的物种。它的眼睛周围有一道白圈，像是戴了一副眼镜。有意思的是，眼镜熊是和大熊猫血缘最近的动物，最喜欢吃凤梨科的植物，而这里最独特的植物恰好是莴氏普亚凤梨。莴氏普亚凤梨被称为"安第斯皇后"，是安第斯山的特有物种。它只生长在海拔3200～4800米的地区，花序巨大，可以长到10米高，在植物稀少的高山荒漠地带分外醒目。

瓦拉斯这个词来自克丘亚语，意思是"启明（星）"。在古代，这里曾经是清晨时分观测启明星（金星）的最佳地点。虽然瓦拉斯所处的峡谷地带地势逼仄、土地破碎，并不适合耕种，但却出乎意料地诞生过一个古老而辉煌的文明——查文文明，它至今在南美印第安人的生活中还发挥着潜移

瓦拉斯周围是秘鲁雪山最为集中的地区之一，很多山峰都远远高出雪线，终年被冰雪覆盖。图为位于布兰卡山脉南部的瓦伊瓦什（Huayhuash）山的主峰耶鲁帕哈（Yerupaja），它海拔6632米，是秘鲁第二高峰

雨季的瓦拉斯经常云雾弥漫，高山和冰川都在雾气中时隐时现

默化的影响。

　　无论是古老的居民，还是现代的登山客，都会因瓦拉斯周围耀眼的连绵雪峰而迷醉，忍不住用灵魂去贴近，用双臂去拥抱这万古长存的雪山之巅。

诸多雪山使瓦拉斯成为全世界登山爱好者的圣地。海拔6000多米的雪峰正适合入门级的攀登者，而本地的高山向导诚恳而专业，可以称得上是"南美洲的夏尔巴人"

布兰卡山脉有大大小小50多个湖泊和雪山，随便哪一座山峰都超过5700米，被认为是世界最高的雪山群。"布兰卡"的西班牙语意为"白色"，其山顶终年不化的皑皑白雪，令人们为它起了一个如此直观的名字

08

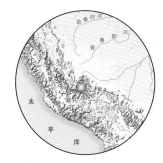

对于这座"失落之城"的身世，人们产生了种种猜测，不管是太阳神圣女的寺院还是印加王的行宫，答案似乎已不重要，重要的是这些石制建筑本身，虽然茅草的屋顶已经消失，但建筑的主体却保存完好

秘鲁

Machu Picchu
马丘比丘

　　当你面对马丘比丘这座巨石和山巅之城的时候，心中会不由自主地产生各种疑惑：是谁在远离人烟的安第斯山脉腹地修建了这座孤独的城市？用巨大而光滑的石头垒成的墙体没有使用任何黏合剂，这是人类的奇迹还是天神的玩具？它为何被突然放弃，任世人遗忘400年之后才重见天日？时间为马丘比丘带来了永恒的韵味，这座"失落之城"安坐在安第斯群山深处，在山间弥漫的云雾中若隐若现，恰如它谜一般的往昔。

　　马丘比丘位于印加帝国古都库斯科西北约110千米的乌鲁班巴河谷旁，铺陈在马丘比丘山和胡亚拉比山之间海拔2743米的鞍状山脊上。古城长约530米，宽约200米，一共有172座建筑，整个城市跨越山梁，城两侧则是深深的峡谷。乌鲁班巴河在河谷中划出一个完美的U形转弯，把两座山峰和马丘比丘古城拥在怀中。

　　马丘比丘处于安第斯山脉主峰东侧的降雨带，植物繁茂、雨水丰沛。山势开始向雨林地带急剧下降，导致河水在山间咆哮跌宕，激起大量水汽。因此，马丘比丘时常被倏忽聚散的云雾所遮盖。在湿润的环境中疯长的青草和苔藓甚至爬上了沉重的巨石墙体，让人感觉这座古老的城市并非人力所建，

从古城背后的高山之巅俯瞰，马丘比丘城建在山脊的一片平地上。它右侧的深谷便是乌鲁班巴河谷，整座城的地形易守难攻

马丘比丘被印加人放弃之后又被世人遗忘了几百年，如今，来自全世界的游客来了又走，也许这座古城真正的居民要数这些每日游荡在废墟之中的大羊驼了

马丘比丘位于安第斯山脉主峰东侧
的降雨带，植物繁茂、雨水丰沛，
因此这里时常被倏忽聚散的云雾遮
盖，也常常出现美丽的彩虹

乌鲁班巴河沿安第斯山东麓下行，塑造出了深切峡谷的壮丽景观。这条河谷是印加人"圣谷"的一部分，曾经是印加人的重要居住区

而是从山峰中自然生长出来，与安第斯山脉浑然一体。马丘比丘是当之无愧的南美洲地标，再没有其他地方像它一样完美地结合了这块大陆雄壮的自然景观和神奇的古代文明。

马丘比丘还有一个神奇之处，从城的一侧看去，它后面的山峦犹如一张仰视天空的人脸，一高一低两座山峰正好是人的鼻子和下巴。这两座山上有一些瞭望台，远可以观察河谷，近可以俯瞰全城，起到了守望的作用。

马丘比丘虽然距库斯科不远，但峭壁重重，山路崎岖。在火车开通之前，这里只能通过印加帝国时期的古道和绳桥保持与外界的接触。因此，当西班牙殖民者征服秘鲁之后，马丘比丘彻底被遗忘，直到1911年才被重新发现。人们因此称马丘比丘为"失落之城"，因为它不仅失落在群山之间，也失落于世人的记忆中。

对马丘比丘的身世，人们产生了种种猜测。有人说马丘比丘可能是印加帝国被西班牙人征服后的最后一个庇护所；也有人说这里曾经是太阳神圣女居住、祭祀的寺院；更多的专家认为这座古城可能是印加王帕查古蒂的行宫。马丘比丘靠近这位印加王所征服的北方领土，这里的温泉和冷泉颇得这位酷爱洗浴的君主的欢心。还有一种说法也很有意思：马丘比丘的修建是献给群山与河流的礼物。在印加时代，乌鲁班巴河被尊称为"Vilcamayo"，意思是"神圣之河"。而古城所在的山峰几乎被这条圣河所环绕。古城的中心有一座被称为"栓日石"的观测台，台上立有一块造型古朴的石雕，每逢夏至和冬至之时，太阳直射，石雕凸起部分的阴影就会完全消失，以此来确定历法。

如今进入马丘比丘只有两个途径：坐火车或者沿印加古道步行。印加古道是印加时期修建的遍布整个帝国的道路系统，从印加帝国腹地的安第斯山区一直延伸到今天阿根廷的草原、智利的沙漠和哥伦比亚的雨林。从马丘比丘出发逆乌鲁班巴河而上，印加古道一直在河边的山巅上起伏，要抬升将近1000米、穿越富饶的圣谷地区才能到达显赫一时的印加帝国都城库斯科。马丘比丘的后山还有一条

马丘比丘具有一座印加城市所应具备的一切：梯田、住房、神殿、天象台等，但它周围几近于绝壁的山体决定了它自身无法供养城市人口。从某种意义上来说，它看起来更像是一件人类送给安第斯山的礼物

古道，那是通往城外的一条小路，这条路只有2米多宽，有些地方几乎是从峭壁上开凿出来的，如今这条路的很多地方已经塌方损毁，无法再通行。

印加圣谷是无数高山溪流汇入乌鲁班巴河在安第斯群山间冲积形成的一片丰饶的河谷，长度大约有50多千米。通常认为它始于库斯科以北33千米处的皮萨克，终点则是距离马丘比丘最近的城镇奥扬泰坦博。

这片群山环绕的谷地为什么会被印加人神化呢？首先，在山势密集陡峭的安第斯山区，像这样面积超过1000平方千米的丰饶山谷非常罕见。它曾经为印加帝国的扩张提供了充足的人口、粮食和食盐，养育着包括今天的秘鲁、玻利维亚、厄瓜多尔以及部分哥伦比亚、智利和阿根廷的辽阔疆域。当时的印加人认为自己是太阳神的子孙，而这片山谷是上天恩赐的家园，因而对它充满敬意，称之为"圣谷"。时至今日，圣谷中还保留着大量被西班牙征服后废弃的印加遗迹，以及印加后裔克丘亚人居住的村落。

圣谷地带是人类开发安第斯山区的最好范例。印加人巧妙地利用自然地理条件，在四周的山坡上开辟梯田和盐田，生产出秘鲁品质最好的玉米、土豆和食盐，把圣谷建设成一个强大帝国的心脏和根基。而人类的活动又和谐地改变了这里的地理面貌。印加人曾经在圣谷中一个叫莫拉伊（Moray）的地方建立了一个种子培育基地。它是几个开凿在山顶上的巨大漏斗形梯田。梯田每一层的温度和湿度都略有不同。印加人通过这种方式寻找适合不同海拔高度和气候环境的玉米和土豆品种。位于皮萨克的一片印加梯田覆盖了整个山坡，高差将近1000米，在不同高度上种植了不同品种的作物。

马拉斯（Maras）盐田是圣谷中另一个壮观的人文自然景观。印加人将山顶的盐卤泉引到山坡上如梯田一般层叠的盐田中，利用高原上炙热的阳光和山间干燥的强风加快结晶过程。这里出产的盐质地纯洁，呈玫瑰色。在产盐的季节里，整个山坡都闪烁着洁白中略带粉红的光芒。

从马丘比丘到圣谷，一路上都能听到乌鲁班巴河奔流的水声在安第斯群山间回响，声音空寂悠远，仿佛印加帝国那古老而不息的脉动。

印加盐田的盐以纯净著称，除了日常食用，也曾作为祭祀用品献给印加的神明。现在，这里的盐也出口到法国的高级餐厅当作桌盐

盐田在阳光照射下闪烁着玫瑰色的光泽。这一地区的地下蕴藏着高盐度的卤水，安第斯山先民们发现了卤水泉眼，并沿着山坡开辟出盐田。现在，盐田归附近几个村落的居民所有，是当地家庭的主要收入来源

09

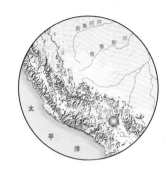

的的喀喀湖是安第斯高原的一颗明珠，印加人认为他们的祖先就来自湖中，因此把这里当成圣湖。湖水为高原腹地提供了绝佳的生态环境，图为湖边生长的高大仙人掌

秘鲁—玻利维亚

El Lago Titicaca
的的喀喀湖

在全世界同等海拔的湖泊中，它是最具人间烟火气息的一个，1125千米长的湖岸上散布着大大小小的城镇村庄，其中不乏普诺这样拥有十几万人口的中等城市。无论是种植土豆的克丘亚农夫、放养羊驼的艾马拉牧童、划着苇草船的乌鲁妇女、擅长编织的塔基雷男人，还是从山区迁居到湖边城市的新移民，都把这座大湖视作上天赐予自己的家园。湖的名字非常特别——的的喀喀。

的的喀喀湖横跨秘鲁和玻利维亚两国。湖的西部属于秘鲁的普诺省，东部归玻利维亚的拉巴斯省。湖面面积约8330平方千米，仅次于委内瑞拉的马拉开波湖，位居南美洲第二。"的的喀喀"本来是湖中最大岛屿的名字，据说是"阳光之岛"的意思，后扩大为湖名。

的的喀喀湖是安第斯山脉的掌上明珠。安第斯山脉纵贯整个南美洲，的的喀喀湖正好处于它的折中点上。远远望去，安第斯山脉仿佛是两条臂膀，将整个南美大陆的力量积蓄起来，把的的喀喀湖托举到海拔3810米的高度，使之成为巨大的高山湖泊。

高山融雪沿着27条河流汇入玻利维亚高原内流盆地的北端，形成平均深度100米的湖体，水体容

太阳岛是的的喀喀湖中的一个大岛，高原上的原住民已经在这里生活了数百年。他们在岛上开垦出农田，修建了庙宇。现在，这里成为游客们体验安第斯山传统生活的好地方

从太阳岛上眺望的的喀喀湖，湖水与蓝天同样湛蓝。的的喀喀湖地区几乎终年阳光灿烂，高远的天空、海一样湛蓝辽阔的湖水以一种罕见的宁静之美感染着人们

秘鲁的普诺是的的喀喀湖畔的最大
城镇，它沿着湖边的山坡铺陈开来。
在所有的高海拔湖泊中，的的喀喀湖
是唯一拥有定期商业航线的，这和它
周围密集的人口不无关系

积8270亿立方米的水域，使的的喀喀湖成为南美洲储水量最大的湖泊。由于湖四周的高山阻挡了寒冷空气的侵袭，湖水终年不冻，航船自然成为湖区居民重要的交通工具。秘鲁和玻利维亚两国之间的国际渡轮可以搭载汽车。很多人都认为的的喀喀湖是"世界上最高的可航行大湖"。当然，智利和秘鲁都有海拔更高的可通舟楫的小型水域，但像的的喀喀湖这样大型的通航湖泊却没有第二个。

安第斯山脉区有大量盐湖，但令人惊异的是，海拔如此之高、面积如此之大的的的喀喀湖却是一个淡水湖。四周的雪山融水滋养着这里，而湖水又为大量物种提供了生命庇护。岸边常见的鸟类有安第斯雁、长有尾羽和黑色喙的安第斯火烈鸟，哺乳动物主要是安第斯山猫、狐狸和羊驼。当地为了促进经济发展，将一些适合高原低温水体的外来物种引入这里，如鳟鱼和银汉鱼，却直接导致这里的特有鱼类——一种山鲶和两种鲶鱼的消失。其他本地独有物种，如的的喀喀潜水鸟和的的喀喀大水蛙已经处于濒危状态。

的的喀喀湖对人类的重要性毋庸置疑。秘鲁全国将近一半的羊驼和1/3的动物皮毛都产自这个湖区。早在数千年前，印第安人就开始利用丰沛的水源发展农牧业，缔造了辉煌一时的蒂亚瓦纳科文

的的喀喀湖位于秘鲁和玻利维亚的交界处，两国分享湖区的主权。从高空俯瞰，的的喀喀湖位于高原腹地，它一侧是宏伟的山脉，山顶的积雪为它提供了纯净的水源

明。它气势恢宏的遗址就位于玻利维亚境内距离的的喀喀湖东岸15千米的地方。

印加帝国的统治者认为的的喀喀湖是"神湖"，传说自己的祖先本是仙人，受太阳神的派遣降临到的的喀喀湖东部的太阳岛上，继而迁移到库斯科谷地，并征服了整个秘鲁。在印加帝国时期，太阳岛祭拜是最重要的国家盛典之一。为此，印加人在的的喀喀湖边修建了宽阔平整的道路，至今还可以看到宽达10米的印加古道遗迹。

积雪的山峦下，的的喀喀湖映射着天空的颜色。湖中有太阳岛（的的喀喀岛）、月亮岛等四五十个大小岛屿，它们中的绝大多数有人居住。太阳岛上，戴着无檐毛线帽、身穿鲜艳土布服装的印第安人吹着竖笛，放任羊驼啃食岸边的青草，时不时有金黄色的苇草船静静地在湖面上划过。这种的的喀喀湖特有的苇草船是用被当地人称为"托托拉"的苇草捆绑制作而成。"托托拉"原产于安第斯山以西的太平洋沿岸，是候鸟把草籽带到的的喀喀湖。而苇草船的来源则更加遥远和神秘，据说与古埃及人的纸莎草船同源。谁也说不清这种草船是何时又如何从非洲来到南美，又怎么跨过安第斯山辗转流传到这里的。

的的喀喀湖远离战乱，许多古老的习俗得以保留。比如在塔基雷岛上，编织是男人的主要营生。在人生的不同阶段，他们所戴帽子的颜色和花纹都是不一样的：成年未婚男子要戴上白下红的帽子，而已婚者则是全红的，上面图案也不同。每个男人的帽子都必须由自己编织完成。

善于操舟的乌鲁人也住在湖上，他们的祖先远在印加帝国时期就生活在湖中——他们世世代代用芦苇制造神奇的"漂浮岛"，在湖中过着漂泊的生活，平时靠芦苇制作的小船捕鱼为生。

的的喀喀湖的魅力就在于把一切神秘和魔幻都混入了日常生活，这使它既是神奇、高远的天湖，又是真切、温馨的人境。

当地人把芦苇割下来，在岸边码放整齐，让高原的阳光晒干其中的水分。芦苇是的的喀喀湖的一项重要出产，几百年来，湖区的人们利用芦苇建造房屋、编制日用品，甚至用它扎成"漂浮岛"和船只

的的喀喀湖地区几乎没有原生的乔木。本地人将湖中盛产的苇草利用到了极致：鲜嫩的根茎可以当作蔬菜食用，成熟的苇草晒干后则可建造草船、草屋，甚至草岛

塔基雷岛的男子都擅长编织，只要稍有闲暇，他们就会拿出针线，开始编织花纹复杂的传统织物。他们头顶的帽子，通常都是自己织的，而上面的花纹，还有已婚、未婚的差别

乌鲁人穿着鲜艳的民族服装站在自家的浮岛上欢迎游客的到来。他们是一支独特的高原民族，早在印加帝国时期，他们的先人为了躲避战火而搬到湖中，用芦苇扎成漂浮的小岛，并生活在岛上

被当地人称为"托托拉"的草船是
的的喀喀湖的标志之一。由于船体
是用干苇草编成，很容易泡烂，所
以几乎每半年就要修补一次。当地
人会在船头扎出美洲狮头镇压风
浪，保佑航行平安

一座石头拱门宣告即将进入塔基雷
岛的村落了，每个从湖边码头过来
的人都会从门下走过。塔基雷岛位
于的的喀喀湖中，属于秘鲁。岛上
有很多传统建筑，除了迎接世界各
地的游客，当地人仍保持着传统生
活方式

10

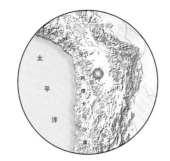

玻利维亚

Salar de Uyuni
乌尤尼盐沼

　　乌尤尼盐沼是个最方便"照片造假"的地方，来自世界各地的游客都在这里拍搞怪照片：有人"手捧"一个比自己庞大数倍的巨型矿泉水瓶，做喝水状；有人得意扬扬地抬起一条腿，脚下踏着一辆只有板凳大小的吉普车；有人做出大力金刚的样子，双手各拎着一个"小矮人"……其实，乌尤尼并没有提供任何超出常规尺寸的道具，它只是一片无比平坦、面积广阔、颜色纯净的盐沼，却让所有景物缺少远近距离的参照物，因此人们利用错觉，拍出千奇百怪的特效照片。

　　乌尤尼盐沼位于南美洲中部高原、玻利维亚西南部内陆流域的中心，属于荒凉的安第斯山区。乌尤尼盐沼是世界上最大的盐沼区，东西长约250千米，南北宽约100千米，面积约1万平方千米。这么广大的盐沼面积，地形几乎没有起伏，完全是一个白色平面。湖面海拔3700多米，披着白雪的火山围绕在四周，更衬托出它的平坦与开阔。这里拥有世界上最纯美的景色，如果站在盐沼区中心放眼望去，360度的视野中只有平坦的白色，与天空的蓝色形成鲜明的对比，天地之间，再无他物，简直是神话中的奇境。

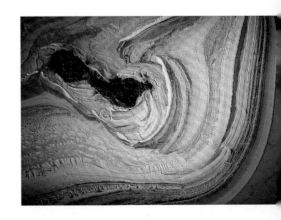

乌尤尼盐沼就像镶嵌在安第斯高原中的一面镜子，颜色纯净，反射着太阳的光芒，被人们形象地称为"天空之镜"

乌尤尼周围的居民很早就开始开发和利用这里的盐矿资源。随着现代工业的发展，这里的盐也成为工业生产的重要原料。被开采出来的白盐一堆堆散放在平坦的湖面上，在阳光的照耀下闪闪发光，成为一道独特的美丽风景

从高空可以看出盐沼逐渐退缩、干涸的痕迹。小岛周边，白色的纹理都是曾经的湖岸，随着湖水不断蒸发，水面逐渐缩小，水中的盐析出，给湖岸镶上了一个白边

乌尤尼盐沼是世界上最大的盐沼区，东西长约250千米，南北宽约100千米，面积约1万平方千米。这么广大的盐沼面积，地形几乎没有起伏，完全是一个白色平面

印加瓦西岛是穿越乌尤尼盐沼的重
要停歇点，岛上伫立着许多巨型仙
人掌，有的高度可达10米

绿湖位于乌尤尼盐沼附近，湖中的耐盐微生物让湖水呈现出蓝绿色。有意思的是，天气对湖面颜色也有影响，无风的时候湖水呈浅蓝色，大风起时湖水则变成绿色

由于湖水含盐度极高，而且几乎没有河流在这里流入或流出，所以乌尤尼盐沼的水面基本是静止不动的。水多的时候，整个湖区就变成了一面镜子，能够清晰地倒映出天空的云彩和四周的山峦。到了干季，很多地方湖水蒸发殆尽，露出水下的盐壳，盐壳表面蜂窝形的裂纹就像大地上一幅现代派的抽象画。而从高空俯瞰，乌尤尼盐沼就像镶嵌在安第斯高原中的一面镜子，颜色纯净，反射着太阳的光芒，被人们形象地称为"天空之镜"。

在乌尤尼盐沼上漫步是一种神奇的体验。有些地区的盐沼面有浅浅的一层湖水，而水面以下则是坚硬而厚实的盐壳。乌尤尼盐沼的盐壳非常坚硬，不仅人可以在湖上行走，汽车也可以放心行驶。雨季的时候，湖面的水也不会太深，仅仅没过脚踝而已。

乌尤尼盐沼的景色独特而有趣，因此很多人都想进入盐沼深处去体验那种与世界隔绝的感觉，但是穿越盐沼却非常危险，甚至比穿越同等面积的大沙漠难度还大。因为这一地区不但缺少地标，难以辨别方向，而且巨厚的盐层还对磁场产生影响，有时会导致指南针及导航系统失灵，因此人们很容易迷失方向。

不过总的来说，盐沼还是给人们带来更大的好处。周围的居民很早就开始开发和利用乌尤尼盐沼的盐矿。从最早生活在安第斯山区的高原民族开始，这里就是重要的产盐地。随着现代工业的发展，这里的盐也成为工业生产的重要原料。被开采出来的白盐一堆堆散放在平坦的湖面上，如一个个白色的小丘，在阳光的照耀下闪闪发光，成为一道独特的美丽风景。

乌尤尼盐沼的盐，主要成分为氯化钠，也包含氯化镁、氯化钾及硝酸盐等多种化学物质。除了工业利用，当地人还把盐开发出更多用途。在乌尤尼盐沼区的一座宾馆里，墙壁和部分家具都是用切割成块的盐做成的。因为总有游客试图验证一下真假，宾馆不得不贴出"请勿舔墙和家具"的告示。

乌尤尼盐沼中的水含盐度很高，所以这里没有鱼，也基本没有水生动物生存。不过这并不代表乌

尤尼盐沼是生命禁区，这里也有自己独特的物种。湖畔的荒滩上生长着耐旱、耐盐的植物，其中最典型的就是高大的柱状仙人掌。在位于湖心的佩斯卡多尔岛上，长满了仙人掌类的有肉质刺的灌丛，一般直径达30～40厘米，有的能长到三四层楼那么高，看起来非常奇特。水量丰富的湖泊中会有卤虫，吸引了火烈鸟前来捕食。

　　安第斯山区内部为什么会形成这么大的一片盐沼呢？原来在数万年前，乌尤尼地区的海拔并没有这么高，只是一片真正的大湖。安第斯山脉在地球历史上是比较年轻的山脉，在不断隆起、抬升的过程中，古代湖泊中的水逐渐退去、蒸发，水中的盐分却留了下来，于是在古代湖盆处形成一层厚厚的盐壳，最厚的地方深达20多米。专家测量，如果把乌尤尼盐沼的盐全部提炼成食用盐，可够人类吃上好几千年。

安第斯山脉中的地热资源很丰富，地下水遇热变成蒸汽，从地面的泉眼喷发出来，形成间歇喷泉。图为乌尤尼附近正在喷发的间歇喷泉

乌尤尼盐沼的盐度虽然高，但也并非完全是生命禁区，一些盐湖中生活着卤虫，由于卤虫是火烈鸟的美食，因此大群的火烈鸟被吸引而来，并在此繁衍栖息

在乌尤尼盐沼周边，还有很多小型盐湖，由于湖中含有不同的微量元素，水中有不同的生物，所以湖水的颜色也不尽相同

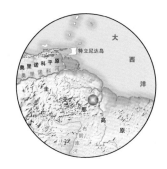

凯厄图尔瀑布是世界上单级落差最大的瀑布，其226米的单级落差是尼亚加拉瀑布的5倍、维多利亚瀑布的2倍

11

圭亚那

Cataratas Kaieteur
凯厄图尔瀑布

　　2002年6月27日，为纪念中国和圭亚那建交30周年，圭亚那发行了一套两枚的纪念邮票。邮票上的图案是一个非常独特的大瀑布：一条宽阔的大河从长满绿树的丛林中流过，突然遇到一个马蹄形悬崖，大水分成很多股，奔腾而下，而瀑布下方，并不是通常的河道，而是一块巨大的岩石平台，河水落到平台上后，立刻再次从平台跌落，形成一道规模略小的瀑布。

　　这个瀑布是圭亚那的标志性景观，也是圭亚那的骄傲，它的名字是凯厄图尔瀑布。1870年，英国地质学家查尔斯·巴林顿·布朗发现了这个震惊世人的瀑布。1930年，圭亚那以瀑布为中心建立了凯厄图尔国家公园。

　　凯厄图尔瀑布位于圭亚那中部的波塔罗河上，瀑布的第一级高226米，宽80～120米，是"单级落差及流量最大的瀑布"；第二级落差25米，总落差250多米，约为非洲莫西奥图尼亚瀑布（维多利亚瀑布）落差的2倍，北美洲尼亚加拉瀑布的5倍。

　　凯厄图尔瀑布名字的来历有一个动人的凄美故事。很久以前，当地爱好和平的巴塔穆纳部落与入侵的强悍的加勒比人之间爆发了一场战争。巴塔穆

波塔罗河蜿蜒而平静地流过茂密的森林，谁能想到，它即将遇到一个马蹄形的悬崖，在这里，平静的河水会突然改变方向，以巨大的冲力奔腾而下，形成壮观的凯厄图尔瀑布

热带雨林中藤蔓纠缠，犹如长蛇从高处垂落下来。这些藤蔓类植物，不但借助其他树木的高度来与之竞争阳光，有时还会绞杀自己的宿主

一只矛头蝮盘踞在树干上等待猎物，它身上的花纹很容易和雨林的地面融为一体。这是一种比较常见的毒蛇，它们有时候会被老鼠吸引进入种植园和人的居所，可能误伤人类

纳部落的首领名叫凯厄，为使部落摆脱战争，他决定用自己的生命换取和平，于是乘一艘独木船随瀑布而下……为了纪念凯厄，人们以这位部落首领的名字为大瀑布命名，"图尔"则是瀑布的意思。

波塔罗河流经的地方是水平的岩层，其中地表和地面以下的岩层质地不同，上面硬、下面软。瀑布处是岩层的自然断裂带，流水把下面较软的岩层侵蚀掉了，而上面的坚硬岩层保存下来，于是在地形上形成了"台阶"，出现了瀑布。

观赏凯厄图尔瀑布一般由圭亚那首都乔治敦乘飞机前往，或者组团沿公路或沿河到达。乘坐小型客机能俯瞰瀑布全景。当飞机飞临瀑布上空时，只见绿色密林忽然"凹陷"，一条大水注倾泻而下，这一场面让观者无不震撼。瀑布轰鸣如雷，让人有些不敢靠近。无奈，世间奇伟瑰丽的景象都在险远之处。

机场距离瀑布有1000米的路程，周围是雨林峡谷。观赏瀑布有不同的角度，远点、近点、瀑顶是三个观景平台，在每个不同的角度观看都会有一番迥异的视觉效果。由远及近地观赏大瀑布最为合适，一步步地接近神圣，心中的波澜也会一点点被激起。远远就能听见瀑布雷动天地的声响。靠近时，只见在山峦的万绿丛中悬挂着一匹黄褐色的"绸缎"，巨大的水流使瀑布笼罩在弥漫的水雾里，宛如仙境。观赏瀑布的最佳位置是瀑布附近的突岩。站在这里，观者能强烈感受到瀑布奔流而下时的磅礴气势。有时候，还会有彩虹横跨瀑布之上，点缀着这世间奇景。瀑布的外形还会在全天不同时段呈现出不同风貌。清晨的瀑布，呈垂直状；而在黄昏时刻，就会披上一层温暖的光泽；到了夜晚，又变成了水平状。

凯厄图尔瀑布的水流并不是白色，而是黄褐色。这种特殊颜色的成因一是由于河水旁边有很多树根腐叶浸泡其中，千百年来如此，逐渐改变了水的颜色；二是圭亚那高原所含的矿物质，主要是铝土矿掺杂在河水里，也改变了水的颜色。圭亚那的河水多为这种黄褐色。据说这里的河水还具有奇特的医疗效果呢。因为瀑布的这种染色水中所含的鞣

生活在亚马孙河流域的大水獭是世界上体型最大的水獭，可以长到近2米长，这些"捕鱼专家"的脚印通常比人的手还要大。它们是游泳和捕鱼的专家，除了美洲豹几乎什么都不怕

一只双色叶泡蛙沿着雨林中的一根枝条攀爬。这种树栖的蛙类在树上捕捉小昆虫，繁殖期时会在水道上方的枝条上求偶交配，它们的后代会落入水中生长发育，直到成年

质为黄色或棕黄色无定形松散粉末，在空气中颜色逐渐变深（鞣质就是红葡萄酒中含的"单宁"），它对心脏血管疾病有预防作用，还具有抗菌、抗炎、止血等药理活性，能抗突变、抗脂质过氧化、清除自由基、抗肿瘤与抗艾滋病等效用，这些都使河水具有广阔的研究前景。

瀑布公园里原始雨林密布，为许多动植物提供了生存环境。金蛙就是其中之一。它分泌的生物碱是致命毒素，印第安人狩猎时会将金蛙的生物碱涂在飞镖上，做成"毒镖"。丛林中特有的红色植被，分泌出的黏液可粘住蚊虫，这就是雨林中著名的"祛蚊草"。这里丰富的动植物共同构建了一道天然的生态链。

南美貘是优秀的游泳运动员和潜水员，它们一生的大部分时间待在小河或池塘中，夜晚时分才到岸上吃草

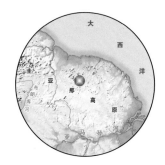

12

苏里南中部自然保护区是世界罕见的保存完好的原始热带雨林之一。热带雨林中的树木为了争夺阳光而竞相向上生长，有的能长到数十米高。为了支撑起自己的身躯，很多树木的根部都发育出厚厚的板根，以增加支撑力

苏里南

Central Suriname Nature Reserve
苏里南中部自然保护区

提起热带雨林，大家会不约而同地联想到亚马孙地区那遮天蔽日的大树、奔跑如闪电的美洲虎、从天而降的大瀑布、密如蛛网的河流、原始的种族部落……这些标志性的热带雨林元素在一个叫"苏里南"的国家得到了集中体现。

苏里南共和国位于南美洲大陆的北部偏东，面积不大，是典型的热带气候，全年炎热，每年分为干季、雨季。绝大部分国土为茂密的原始森林所覆盖。它以90%的森林覆盖率，不仅是南美洲，而且是全世界森林覆盖率最高的国家。

1998年，苏里南政府把苏里南中部广大的原始雨林开辟为保护区，这就是"苏里南中部自然保护区"。这个保护区面积1.6万平方千米，几乎占苏里南国土面积的1/10。保护区内有低地森林、山地森林、热带雨林、热带草原等不同生态环境，基本都没有受过人为影响和破坏，是当今地球上实属难得的未开垦的处女地。因此这里也是世界上物种保存最完好的地区之一。2000年，苏里南中部自然保护区被联合国教科文组织列入"世界自然遗产名录"。

每当夜幕降临，苏里南朱缨花（*Calliandra surinamensis*）的叶片会害羞地闭合起来，次日早晨再展开，早睡早起，如人类作息般，这种行为被称为睡眠运动

苏里南夹在圭亚那、法属圭亚那和巴西之间，终年高温多雨的自然条件造就了这一地区茂密的热带雨林，也孕育出众多奇特的生物

书带木是南美洲特有的一类植物，西班牙的士兵和海盗曾经就用它的叶片作为纸牌或者书写的纸张，所以俗名"签名树"。现在有一些种类的书带木已经作为观赏植物引入其他地区

丛林里，一株野生樱桃成熟了，红色果子在绿色的枝叶间非常显眼

科珀纳默（Copename）河从保护区穿行而过，向北直接注入大西洋。这条河的支流数量繁多，使保护区内布满了纵横交错的溪流、河汊以及数不清的湖泊、池塘和沼泽。丰富的水资源孕育出极其繁盛的生物种类，在保护区已经发现蕨类植物和种子植物超过5000种，其中有近50种是当地特有的。最著名的是苏里南番樱桃（*Eugenia uniflora* Linn.），其花叶、树皮、果实的汁液均具有促使人畜睡眠的作用，可以促进褪黑素的分泌，所以又叫"睡眠果"。

保护区还盛产各种优质原木，树木多达600种，比较有代表性的品种有双柱豆、紫心木、双龙豆、蚁木等。绿心木是所有木材中质地最坚硬、最细密的一种。据说用钢锯锯解绿心木时，锯口会冒出火花，因此也叫"迸火树"。把绿心木放在河里，便如石沉底。绿心木具有超强的防腐、耐火、耐蛀性能，同时也是非常美丽的观赏性树种。每年下半年，绿心木会脱去旧叶，换上一树金灿灿的花朵，然后泛出新绿。奇妙的是，每棵树的开花时间不同，因此在绿色大森林中，总会看到一棵棵正在开花的金色绿心木，映衬在蓝天白云的背景下，美得让人震撼。

在苏里南热带雨林中更多见的是棕榈树。棕榈树枝繁叶茂，大片的棕榈树交织成一张硕大的绿网，遮天蔽日，为树林中那些潜滋暗长的植物提供了阴暗潮湿的生长环境。有人将其形容为"可怕的黑暗与寂静"。

保护区充足的水源和植物，为动物的繁衍生息提供了良好的生存条件。这里生活着众多珍稀野生动物，如美洲虎、大水獭、大犰狳、树懒、貘等典型的亚马孙森林动物。灵长类动物就有8种，其中红吼猴是猴子中的"明星"。每天清晨，集群而居的红吼猴会发出响亮的叫声，以此来宣布对领地的所有权。吼猴个头不大，没见过它们"晨唱"的人，很难想象它们并不粗壮的身体却能发出如此巨大的吼声。而"吼猴"的名字，也正是因为这种奇特的本领而得来。这里还有一种土黄色的蛙，腿上有白色的须边，足跟上有"靴刺"，名为"牛仔蛙"，是近年来科学家在这里的雨林里徒步时发现的46个

新物种之一。

　　保护区里有记录的鸟类超过400种，其中最受人们关注的无疑是黄蓝金刚鹦鹉。金刚鹦鹉产于南美，是世界体型最大的鹦鹉，从头到尾巴尖长度能超过80厘米。金刚鹦鹉不但个头大，颜色也很艳丽。在保护区生活的黄蓝金刚鹦鹉，背上和翅膀的羽毛为天蓝色，腹部则是柠檬黄色，非常美丽。最有趣的是它们的脸颊，白色的脸上有黑色的条纹，看起来像中国京剧里奸臣的脸谱。金刚鹦鹉不但聪明，而且寿命很长，能活到60岁以上。

　　苏里南中部保护区丛林的自然风貌和人文景观高度浓缩在一起，组成一幅迷人的热带风情画卷。科学家说，由于保护区还有很大部分处于未探索状态，所以动植物物种的记录将会随时被刷新。这片神秘的丛林里还隐藏着大量未被人类观察、记录过的生物，所以，来苏里南中部保护区将为你开启一段难忘的探险之旅，让你深深感受到万物的唯美和灵性。

苏里南中心自然保护区浓密的森林中，有密如蛛网的河流和犬牙交错的山崖。原始丛林中的喀斯卡斯马（Kasikasima）山形态奇特，给广袤的雨林增添了神秘色彩

几只雄性圭亚那红伞鸟聚集在一起，相互比试，向雌鸟炫耀它们艳丽的羽毛和头顶立起的羽冠，看谁是最有吸引力的

保护区基本没有公共交通系统，想
要进入丛林深处探险，通常需要灵
便的小舟，而湍流和险滩则大大提
高了探险的难度

橡树红光蛇，俗称假珊瑚蛇，它们
主要捕食其他蛇，包括一些有毒的
种类。通常认为它们的花纹是拟态
剧毒的珊瑚蛇

白脸僧面猴的雄猴长相很奇特，虽然看来很笨拙，但它们在树上非常灵活，在苏里南的雨林中，它们生活在较低的树冠上，采食水果、坚果和昆虫。白脸僧面猴夫妻非常恩爱，一般一生只找一个伴侣，夫妻间通常花大量时间相互理毛

苏里南保护区里的一处小水潭，虽然面积不大，但是这里为雨林中的水生动物提供了良好的栖息地，是观察野生动物的好地方

黄蓝金刚鹦鹉是南美洲最美丽的大
鸟之一，体长可超过80厘米。当它
们在雨林中飞过，那一身靓丽的黄
蓝羽毛非常抢眼。为了在雨林中传
递信息，它们的叫声非常响亮

一对绯红金刚鹦鹉栖息在树上。由
于身上羽毛的颜色艳丽而多样，这
种鸟又叫五彩金刚鹦鹉，它们飞翔
时，给人感觉就像一道飞舞的彩虹

13

图片正中三座竖直耸立的巨大花岗岩岩石就是帕伊内"三塔"，帕伊内塔国家公园就是以它们命名的。三塔脚下有一个静谧的小湖，湖水来源于周边高山的积雪。这里需要经过几个小时攀登才能到达

智利

Parque Nacional Torres del Paine
帕伊内塔国家公园

它是"南美洲最棒的国家公园"，也是"世界十处最适合徒步的地点"之一，游客对它的印象是：不论在什么地方按下相机快门，都能拍出可以印作明信片的风景。这个美丽的地方就是智利的帕伊内塔国家公园，俗称"百内国家公园"。

帕伊内塔国家公园位于南美洲南部的巴塔哥尼亚地区，主要由安第斯山脉南段高耸的花岗岩山峰组成。这个国家公园面积很大，约1800平方千米，绝对不是一个"上车睡觉、下车拍照"的地方。公园里只有很少的地方修通了公路，想要真正领略它的惊人美景，唯一的办法就是徒步——经典的徒步路线是长达80千米的"W路线"，其中大部分区域都不通汽车，对体力没信心或时间紧张的游客，只能选择两三处公路可以到达的景点看看，想要深入探寻公园的秘密，只有靠自己的双腿。

帕伊内塔国家公园一般简称"帕伊内公园"，"帕伊内塔"是指公园内三座并肩耸立的塔形山峰。三座山都是颜色略黄的整块巨岩，高度远大于宽度，雄伟壮观，傲气冲天。

帕伊内"三塔"并不是"长"在平地上，而是

帕伊内塔国家公园以美丽的风景著称，这是公园中的"犄角山"，棱角分明的巨大山体巍峨壮观，最为奇特的是，由于岩层性质不同，山顶上的黑色岩石与灰色山体形成鲜明的对比

帕伊内塔国家公园的三塔景观

一只雄性智利马驼鹿跳过溪涧。智利马驼鹿是智利国徽上的两种动物之一（另一种是安第斯神鹰），这种食草动物非常优雅、灵活，听觉也很发达。它们夏季在高海拔的地方栖息，天气转冷后逐步下降到森林河谷。由于过度捕猎和畜牧业对其栖息地的侵占，它们在野外的数量急剧下降

一对狐狸幼崽在争夺树枝玩耍。帕伊内塔国家公园里生活着大量野生动物，狐狸是食肉动物中的一种，起到维护生态平衡的重要作用

美洲狮是安第斯山脉最主要的食肉动物。它们能够适应大多数自然环境，善于攀爬、跳跃。美洲狮的猎物中，马驼鹿等鹿类占到一半以上。除了发情期，美洲狮都独来独往，雌美洲狮会独自抚养后代

小美洲鸵是南美洲的两种大型且不
会飞的鸟之一，生活范围在海拔
1500～4500米。它也被称为"达
尔文"美洲鸵，达尔文曾仔细描述
过他在南美洲见到的两种鸵鸟。当
地人告诉他，这种鸟很怕人，小心
翼翼，独来独往，跑起来很快

巴塔哥尼亚獾臭鼬生活在巴塔哥尼
亚高原，主要吃虫子，在冬天缺乏
食物的时候也会吃啮齿动物和腐肉

灰湖位于帕伊内塔国家公园西侧，
上游连接冰川末端，冰川从山上携
带的岩石碎屑把湖水染成灰色

帕伊内塔国家公园里的湖泊都与冰川相连，湖中时常会看到漂浮着的冰块，它们都是从冰川末端掉落下来的

矗于山岭上，想一探究竟，还得经过艰苦的攀登。从山麓向上攀登，随着海拔的升高，树木逐渐被灌丛替代，之后连灌丛也没有了，只剩满山坡的碎石。这种碎石坡学名叫流石滩，是山上的石头破碎滚落形成的。

由于上坡时坡度很大，所以抬头往往只能看到上方的巨石，而根本看不到"塔"在哪里。游客们手脚并用地爬过一块块大石头，然后就在翻过某块石头之后突然发现，"三塔"齐刷刷地出现在眼前。

很多人坐在石头上静静地用近乎膜拜的眼神望着"三塔"：垂直耸立的花岗岩山峰并没有太多尖锐突兀的棱角，它们和周围的巨石一样，有着柔和的线条。山体的形态非常特别，像一只手掌，手心朝天，几根手指向上竖立。"三塔"和临近的巨岩山峰就是手指，而掌心中间，有一泓淡绿色的湖水。山和湖都静谧无声，充满了神秘气息。这样的风景，这样深藏在高山之巅的小湖，让人不由得认为它是精灵藏宝的地方。一路攀登的所有劳累，在这样的风景中全被吹散。

帕伊内公园的标志性景观是犄角山（Los Cuernos），它奇特的样子会给人留下难忘的印象。犄角山整个山峰看似一块完整的巨岩，非常尖利，很像博物馆里原始人打造的石器，又尖又薄，形状奇特。更奇怪的是山的颜色，一道明显的水平分界线将山体分成上下两部分，下半部分是浅灰色的，上半部分则是黑色的。

犄角山可以坐船远观，也可以徒步攀登。山下正对着一片长条形的湖泊，湖水是冰川融水汇集而成，因光线不同而反射出灰色或蓝色。因为湖中有渡轮，而且视野开阔，正对山峰，所以很多人都会选择坐船看山。如果搭乘黄昏或清晨的游船，还能看到山峰被阳光照成金色的神奇景色。

犄角山脚下是茂盛的树林，树林里有宿营地。打算登山的人，一般会在山下扎好帐篷，然后轻装登山，可以沿着山的测线攀登。山路比较险陡，而且天气变化无常。太阳一会儿从云里钻出来，晒得徒步者浑身冒汗，可是等你脱掉外套，阴云很快又笼罩下

帕伊内塔国家公园及其周边地区生活着大群的原驼，即野生羊驼。
它们是南美洲最大的食草动物之一，可以长时间不喝水。家养的羊
驼就是南美先民把原驼驯化而来的。此外，只要在安第斯山海拔两
三千米的高原和山地都能见到原驼的踪影

来，冷风还夹杂着冷冰冰的牛毛细雨，把人冻得发抖。

　　一路上这样反复穿脱衣服也是徒步帕伊内的必修课之一，据资深的户外爱好者说，在帕伊内徒步最经典的事就是，背着超级沉重的大包，千辛万苦地登上山顶的宿营地，突然大雨倾盆，而后雪花飘落，由于太冷而不得不再背着超级沉重的大包下山……

　　帕伊内最常规的"W路线"上，"三塔"和犄角山各占了"W"的两个顶点，而"W"起笔的那个顶点，是灰湖和它的冰川。灰湖湖如其名，灰湖的上游是冰川，冰川从山上携带的岩石碎屑把湖水染成灰色。徒步路线是沿着灰湖一侧的山坡一路向上走，越走越高，也越接近湖水尽头的冰川。从山崖上向下望去，湖中漂浮着白色、浅蓝色的冰块，它们都是从冰川末端落下来的。

　　除了这些美丽风景，帕伊内塔国家公园还是观察野生动物的好地方，在这里很容易遇到安第斯山脉最有代表性的动物——原驼，即野生羊驼。羊驼被中国人戏称为"神兽"，其实它是骆驼科的动物。帕伊内生活着好几群野生羊驼，而高原原住民家里饲养的则是经过先民们驯化而来的家养羊驼。

　　原驼要比普通家养羊驼大一些，它们一身橘黄色的毛，个头不小，和毛驴差不多，因为脖子长，所以身高要超过普通的马。一个羊驼群体，有一头高大的公羊驼做领袖，它守护着几头母羊驼，有的母羊驼还带着小崽。如有单身的公羊驼伺机觊觎母羊驼，那一家之主就会毫不客气地给予打击。

14

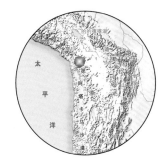

智利—玻利维亚

Parque Nacional Lauca
劳卡国家公园

平均三四千米的海拔高度，令很多人对劳卡国家公园望而却步，但是每个来到这里的人，都不会后悔，因为这里深处安第斯山脉的腹地，隐藏着世界最长山脉的秘密宝藏。

劳卡国家公园位于智利最北部，与玻利维亚交界，面积广达1300多平方千米。公园内分布着数座呈完美圆锥形的火山，每一座火山的山峰都顶着白色的积雪，火山脚下是美丽静谧的高原湖泊，广阔的区域中点缀着几个小村庄——安第斯原住民艾马拉人的村庄。

由于劳卡国家公园地处高原腹地，所以通向其内部村庄的公路略显干旱，两侧的高山大多形状浑圆、色彩昏黄，山坡上少有绿色的灌木，取而代之的是高大的烛台仙人掌。烛台仙人掌通常能长到两三米高，一根粗壮的茎直直地从地面钻出，到了2米左右，分出三四个横枝，每个横枝又继续向上生长，造型酷似西式烛台，因此而得名。

随着海拔升高，山地的干旱略有缓解，超过海拔3500米的地方开始出现树木和草地。当地的普特村是劳卡国家公园里的一个重要聚居区，因为交通方便而成为游客的大本营。

从普特村出发，最受欢迎的景点是巴亚查达双子

几只秘鲁火烈鸟飞过，静谧的高原湖泊为这些美丽的大鸟提供了理想的栖息地

巴亚查达（Payachata）双子火山
是劳卡公园里两座非常近的火山，
它们犹如一对孪生兄弟，亲密地依
偎在一起

在钦博拉索山地海拔超过3000米的
地方，生活着大群的野生骆马。这
种动物是羊驼的远亲，它们有皮毛
可以耐受高原的低温。据说在印加
帝国时期，只有皇室才能穿着骆马
毛制作的服装

秋冬季节，候鸟飞走了，高原湖泊略显荒凉。由于海拔较高，这里的火山顶部终年积雪，融化的雪水在火山脚下汇集成纯净广阔的高原湖

在高海拔的山地经常能看到这种奇特的垫状植物，它们密集地生长在一起，形成浑圆的球状。球体内部的温度比外界气温高，因此为植物的生长提供了充足的热量

火山。这是两座高度超过6000米的火山，都拥有标准的圆锥形山体，即便在层峦叠嶂的安第斯山区也显得雄伟壮丽。安第斯山脉拥有很多活火山，随时有喷发的可能，但是在劳卡国家公园不必担心，因为这里的火山大多处于休眠状态，比较安静。

火山脚下有一片湖泊，火山积雪的融水是湖水的重要来源。湖水非常清澈，天气晴朗时，可以清晰地倒映出火山的样貌。这座湖泊的海拔也有4500米之高，湖水很静，但是湖畔附近却生活着大量水鸟，非常热闹。

这个湖就在智利通往玻利维亚的国际高速公路边，公路上虽然车来车往，但似乎并不影响湖中水鸟的繁衍生息。身形高挑的火烈鸟在浅水滩上优雅地漫步；水鸡一类的鸟忙着寻找水草，在湖中堆砌鸟巢，为孵化后代做准备；最吵闹的是燕鸥一类的鸟，它们之间经常发生争执，为了一条小鱼在空中相互争抢，而失败者常常发出愤怒的鸣叫……

巴亚查达双子火山是劳卡国家公园的明星，除了这里，公园更隐秘、更人迹罕至的地方还藏着很多惊人的风景。在通往玻利维亚的高速公路边有一片高原湿地，湿地上的小湖泊星罗棋布，高大的火山在远处若隐若现，覆盖着积雪的山顶几乎与白云融为一体。海拔接近5000米的严酷自然条件让人类止步，却成为野生动植物的天堂。

路边的山坡上生长着奇怪的球状绿色植物。说它

在劳卡国家公园海拔比较低的地方常见这种高大且状如烛台的仙人掌，这种仙人掌能长到三四米高，当地人用它制作工艺品和乐器

们是植物，但看起来更像一块块被嫩绿色的苔藓紧紧包围的圆石头，外形有些像长得很紧实的西兰花或菜花，表面是硬硬的一层。这些"圆石头"也的确很结实，成年人可以坐在上面。这些"圆石头"是高原特有的物种。高原气候寒冷，昼夜温差大，植物为了保温，生长成非常紧密的球形，有人用温度计测量过，植物球体内的温度比气温要高出好几摄氏度。

在你欣赏奇特的高原植物时，如果能保持安静，很快就会发现山坡上或石头缝隙中有不少可爱的小家伙。它们一身褐色的绒毛，和兔子差不多大，一有动静就会趴下不动。因为它们有毛色的保护，你得仔细观察才能发现。一旦它们认为没有危险，就会蹦蹦跳跳地跑出来，在山坡上追逐嬉戏，寻找喜欢吃的植物种子。这种动物是一种高原栗鼠，跟宠物市场上的龙猫是近亲。除了长长的尾巴，它们的外观也跟龙猫很像。因为高原的紫外线比较强，这种高原栗鼠的眼睛细长，并有长长的睫毛，看起来永远都是眯着的，非常有趣。

如果运气好，有可能碰到美洲山狮，就是彪马运动品牌的标志动物。山狮是南美高山的王者，是很多原住民崇拜的神圣动物。碰到山狮的概率很小，这种动物的听觉和视觉都比人类发达很多倍，因此会早早避开人类。在劳卡国家公园的山区土路上，有时能看到比人的手掌还大的梅花形脚印，就是山狮留下的。

看不到山狮也不必遗憾，因为劳卡国家公园里也有很多容易见到的大型野生动物。在公路边时常能看到"小心骆马"的警示牌，骆马是骆驼科的动物，体型不大，看起来像小型羚羊或梅花鹿，但是长长的脖子和酷似骆驼的脸型显露了它们的血缘关系。在这里超过海拔3500米的高原湿地上，很容易看到骆马。

劳卡国家公园也有原驼，即野生羊驼。安第斯山原住民把野生羊驼驯化，最终培育出几个家养羊驼品种。这种驯化历时几千年，这里的古代岩画就刻有先民们围猎野生羊驼的情景。

劳卡国家公园里还有好几处温泉，在欣赏过壮美的自然景观之余，你还可以去感受一下安第斯火山的馈赠。浸泡在富含矿物质的热水中，喝一杯高原传统的古柯叶茶，你会忘掉所有烦恼，身心融化在高原的蓝天清风中。

由于高原的紫外线比较强，劳卡国家公园里的高原栗鼠看起来永远都是眯着眼睛的，表情非常有趣

劳卡国家公园是野生动物的乐园，有骆马、原驼等很多大型野生动物

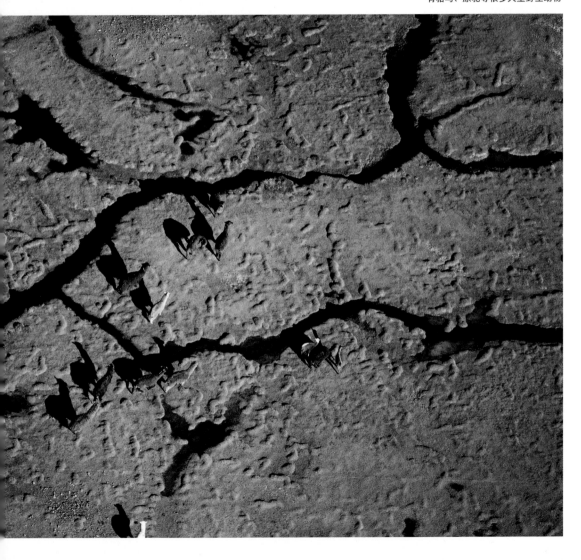

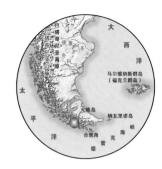

贝纳多·奥伊金斯国家公园里的一处冰川的末端，这里的岩石上长满了青苔。冰川裹挟着泥石前进，有时石砾在表面沉淀，最终成为生命力顽强的苔藓和地衣的家园

智利

Canales Patagonicos
智利南方峡湾

　　说起峡湾，大多数人会想起北半球有"峡湾之国"称号的挪威，那曲折蜿蜒的海湾岬角风光早已深入人心。但是你是否知道，远在南半球的智利，也拥有丝毫不逊于北欧的峡湾风光。

　　智利的峡湾，位于其国土的南部、靠近巴塔哥尼亚地区的边缘。从地图上看，它在南美大陆左下角与太平洋海陆交汇的地方。峡湾这种奇特的风景都离不开冰川的作用，在地球气候比较寒冷的时期，冰川从高山一直延伸到海岸，体量巨大的冰流，把山体切割出深深的V形峡谷。当气候变暖，冰川融化，海面上升，海水漫入峡谷，于是形成深切峡谷的海湾。

　　智利南方峡湾的沿岸，是崎岖高峻的安第斯山脉，少有平整的陆地，所以最佳的游览方式就是乘坐游船，沿着海岸线巡览。由于纬度很高，峡湾里经常能遇到漂浮其中的巨大蓝色冰块，它们多是从山岳冰川上崩落下来的。

　　智利南方峡湾中最著名的一处冰川叫布吕根冰川（又名"庇护十一"冰川），它规模庞大，冰川的末端犹如一堵冰墙矗立在海水中。布吕根冰川下接艾尔峡湾，与其周边地区都被划入贝纳多·奥伊

巨大的桌状冰山漂浮在海面上纹丝不动，它们是从圣拉斐尔冰川上崩塌下来的冰块，通过一条绵延16千米的壮丽峡湾到达圣拉斐尔潟湖

智利南部安第斯山脉发育的冰川切割出许多通向太平洋的峡湾，峡湾尽头可以欣赏巨大的冰川奇景。图为静卧在雪峰脚下的塔拉巴海峡，由于纬度高，即使海拔不到2000米，山顶依然终年积雪

邮轮靠近布吕根冰川巨大的冰舌，冰川末端如高墙矗立海水之中，在阳光下呈现出冷冷的蓝色。布吕根冰川位于贝纳多·奥伊金斯国家公园核心地带，冰体表面积1265平方千米

在峡湾的尽头经常可以看到这样的
场景：冰川的末梢伸入海水，海面
漂满崩塌的浮冰

流淌在山谷中的河流呈现出柔和的
蓝绿色。巴塔哥尼亚峡湾地区河流
众多，绝大多数发源于冰川融水

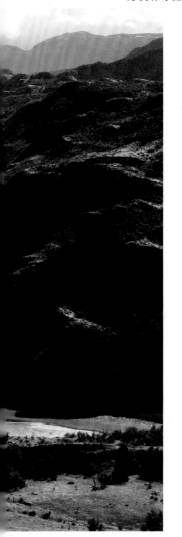

冬季，峡湾里也会结冰，越靠近峡湾尽头，水面漂浮的冰块就越多

金斯国家公园。这块智利最大的保留地囊括了南巴塔哥尼亚冰原的绝大部分，加上北部冰原，构成了巴塔哥尼亚冰原。巴塔哥尼亚冰原是世界上除极地之外最大的冰川活动区，而在南极大陆以外，绵延66千米的布吕根冰川是南半球最长的冰川。

在布吕根冰川附近，可以听到大冰川深处传出来的断裂声，那种低沉的轰鸣在山谷中久久回荡。最壮观的场景是冰墙倒塌，冰舌末端的冰块有时会崩裂开来，落入海中，那种雷鸣般的巨响，让人深深地被自然之力震撼。

现在，地球上绝大部分山岳冰川都处于退缩状态，而布吕根冰川却在过去一个世纪中急速向南北两端扩张。涌动的冰流以摧枯拉朽之势挤压着峡湾

从空中俯瞰圣瓦伦丁冰川，冰川一侧可见清晰的深色冰碛条纹，那是冰川移动时搬运的泥石沉积物。海拔4053米的圣瓦伦丁山矗立于北巴塔哥尼亚冰盖的北端，是智利巴塔哥尼亚地区的最高峰

两侧的山体，一路掀起地表的岩石、土壤，把山坡上的植物推挤得扭曲变形。山上的灌木本身并不太高，在冰川挤压下东倒西歪，虬根指向苍穹，树干断裂得犬牙交错。

布吕根冰川只是智利南方峡湾中的一处景点，其实只要沿着峡湾深入进去，就能遇到更多令人震撼的风景。很多峡湾尽头都能看到冰川末端的冰舌，夏天的时候，有些冰川上还有融水形成的瀑布从冰层上倾斜而下。远看冰川，雪白中泛着透明的蓝色，而在中午时分的阳光下贴近了看，却覆盖着一层灰黑色。天气好的时候，还可以窥见冰墙背后的雪峰屹立在云端，那是安第斯山脉的高峰，在云雾的缝隙中露出白亮的尖角。

北欧的峡湾中有不少依山傍海而建的城镇，挪威首都奥斯陆便是代表。而智利的南方峡湾，海岸多为高山、冰川，大部分都是人迹罕至的地方。这些地带几乎很难从陆路进入，而飞机也无处降落，所以山麓两侧成为野生动物的天堂。如果船安静地驶入峡湾，可以看到野生羊驼在山上安闲地吃草、海豹在近岸的礁石上舒服地晒肚皮。

海水中也有丰富的野生动物。来自南极地区的寒流经这里北上，冷暖海水交汇，为海洋生物营造了很好的生存环境。站在甲板上，可以看到透明的水母在深蓝的海水中翩然舞动；而成群的飞鱼会从水中腾空而起，掠过甲板上方，再径直扎入船身另一侧的海中。最高兴的是遇到海豚，在智利峡湾很容易遇到皮氏斑纹海豚，它们的身体犹如大熊猫，黑白两色。这种海豚经常成双结对地游在船头前方，用长吻破开水流领航，似乎在与游船嬉戏。

智利南方峡湾潮湿、寒冷，经常狂风肆虐，恶劣的气候和偏远的位置曾有效地阻挡了人类的足迹，但近一个世纪以来，人类活动已给智利乃至南美洲这块最后的处女地带来了巨大的变迁：几处峡湾都被开辟成三文鱼养殖场，密集的动物养殖严重污染了沿岸海水；在峡湾中修建大型水电工程的计划也威胁着峡湾区域的生态环境。令人欣慰的是，很多峡湾地带已经被划为自然保护区，希望这片神秘的净土，能永远保持它的独特与珍贵。

一头雄性南美海狮在阳光下慵懒地打了个哈欠，它与大群同伴栖息在麦哲伦海峡尽头的阿古斯蒂尼峡湾。这种海狮分布在南美大陆边缘海岸，雄性个头远大于雌性，颈部非常粗壮，毛发也长，颇有几分雄狮的威武

一对繁殖期的智利贼鸥栖息在峡湾的岩壁上。智利南部的峡湾多峥嵘的石壁，这里人类难以通行，却成为野生动物理想的家园

两条皮氏斑纹海豚在艾尔峡湾碧绿的海水中欢快地游弋。皮氏斑纹海豚长着深色的脸颊与下颌，背脊乌黑，腹鳍周围呈白色，身侧后又各有一道灰白条纹。这种海豚很稀少，只在南美洲最南端海域有分布

16

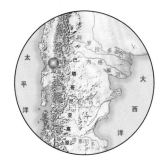

Volcán Villarrica
比亚里卡火山

　　古罗马时期，人们看见火山喷发，就把山在燃烧的可怕原因归为火神武尔卡的怒火。随着文明与科技的进步，火山喷发的奥秘已被科学家揭开，但人们对火山的恐惧在电影《2012》、《地火熔城》里被表现得淋漓尽致。而当你登上智利的比亚里卡火山时，你会发现，其实活火山也可以温顺得让人亲近。

　　比亚里卡火山位于智利的普冈，是安第斯山脉的一座活火山。智利国土狭长，安第斯山脉纵贯全境，它的全部领土都处于太平洋板块断裂带上，不稳定的地壳在这里孕育出很多火山，其中不乏至今依然十分活跃者。比亚里卡火山海拔2847米，在火山中不算太高，但是它离城镇近，近几十年来一直处于活跃状态，同时又很稳定，适合普通人攀登，因此是座难得的可以亲近的活火山。

　　普冈是智利中部偏南的一座小城镇，比亚里卡火山就在城外12千米处，几乎从镇上的每个地方都能看到它漂亮的圆锥形山体。比亚里卡火山的纬度在南纬39°附近，虽然海拔不高，但是火山顶部常年有积雪。从镇上望去，它的下半部分是深青色，顶上是洁白的雪，在蓝天的映衬下，山顶时不时冒

比亚里卡火山周围森林环绕，风景优美，山脚下有湛蓝的比亚里卡湖，湖畔是宁静的智利小镇普冈

从高空俯瞰，比亚里卡火山拥有完美的锥形山体，山的顶部被白色的积雪覆盖，半山腰处都是裸露的火山岩，呈现出红褐色，再向下，山脚下逐渐开始有土壤和植物，而山麓以下的暗绿色部分则是茂密的树林

在比亚里卡火山顶最靠近火山口的区域没有积雪，因为这里的雪被火山的热量融化了，外围的雪地上被大量的火山灰覆盖

比亚里卡火山的火山口不断冒出热
气，热量把火山口附近积雪融化
了，裸露出浅色的岩石

夜间长时间曝光拍摄，可以清晰地看到比亚里卡火山喷出的热气。大多数时间里，比亚里卡火山处于"活跃但不危险"的状态，不仅与当地居民和平共处，还成为人们攀登观赏的好去处

比亚里卡火山口喷出的气体，除了含有大量水蒸气外，还含有大量对人体有害的气体。不小心吸入的话，轻则气闷咳嗽，重则有生命危险，最好不要太接近

出一团白色的烟雾，如果不仔细看，就会以为那是天空中飘过的一朵云彩。

镇上的人们对比亚里卡火山的感情是又爱又恨。火山不但吸引了大量游客，火山灰还给人们带来富含矿物的肥沃土壤，利于农耕。但是它毕竟是一座活火山，在1970年曾经大规模喷发，岩浆和火山灰把整个城镇都淹没了。现在的普冈镇，完全是新建的，没有一座历史超过50年的建筑。

从1970年那次喷发之后，比亚里卡一直保持着"活跃但不危险"的稳定状态，于是成为世界上为数不多的、容易攀登的活火山之一。攀登火山的最佳季节是夏季，那时积雪层只覆盖了山体的1/3，体力好的人最快只要两个小时就能登顶。

火山脚下是农田和树林，人们可以乘车到达山麓，从满是火山灰的半山腰开始攀登。半山腰的火山灰颜色灰黑，非常松散地覆盖在粗粝的火山岩山体上。这样的火山岩难以保存水分，灌木无法存

站在比亚里卡火山山顶远望，可以看到七八座火山。这些火山也都是活火山，但是它们大多没有比亚里卡火山这样活跃

活，只有一些低矮的小草顽强地贴地生长。地表的火山灰是很细密的粉尘，在上面徒步，每一步都会激起很多灰尘，让人不太舒服。

不过火山灰地带并不太宽，很快就能走到雪层上。由于海拔的升高，气温开始下降，山下还是夏季，山上则必须加穿保暖的户外服装，还需戴上头盔、脚上系上防雪套。比亚里卡火山山体是完美的圆锥形，坡度既不太陡也不太缓，登山者为了缓和雪地跋涉的坡度，一般都沿着"之"字路线行进。由于山坡上没有什么凹凸起伏的地势，有时会给人走在平原的幻觉，不过当你回头眺望时，四周的六七座火山会提醒你这里并不是平原。

经过三四个小时的雪地跋涉，就可以到达比亚里卡火山的顶部——火山口。到达火山口时要非常小心，因为这里的雪层中会有陷阱一样的空洞。而火山口不断散发出热气，热量使得火山口边缘的雪层融化，有时地表还有积雪，底下却已经融出了空洞。

火山口是一个巨大的凹陷，它的底部直通炙热的地下岩浆池。比亚里卡是活火山，火山喷发的气体中含有不同的矿物质，矿物质经年累月在火山壁上沉积，再加上长期高温炙烤，火山口内壁呈黑、褐、黄、绿、铁红等斑斓的颜色。火山口喷出的气体，除了含有大量水蒸气外，主要成分是碳、氢、氮、氟、硫等。它们大多对人体有害，不小心吸入的话，轻则气闷咳嗽，重则有生命危险，所以没有专业的装备，最好不要太接近火山口。

从比亚里卡火山下撤是一件有趣的事，通常不再需要双脚行走，而是用旅行社提供的一种简易滑板滑下去。滑板看起来像个塑料片，坐在上面直接顺着山坡滑下去，像滑滑梯一样。下滑时白色的雪浪在身边翻涌，细腻柔滑如冰激凌一般，让人感觉就像回到了童年。

比亚里卡火山为山麓周围提供了丰富的地热资源，普冈小镇附近就有很多不错的温泉疗养地，登山之后，可以泡一泡温泉，舒缓登山的疲劳，享受一下火山带给人类的福利。

比亚里卡火山气候多变，特别是下午和傍晚时分。它经常被云雾所环绕，很难分清山顶上的白雾是云彩还是火山喷出的烟气

17

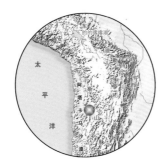

智利—秘鲁—玻利维亚—阿根廷

Desierto de Atacama
阿塔卡马沙漠

　　荒芜的山坡上稀稀落落地长出低矮的小灌木，山坳中偶然出现的高大植物，往往是全身布满硬刺的仙人掌。黄色的山梁起伏蜿蜒，沿着小路转个弯，前方却高耸起一座浑圆的锥形山峰。淡青色的山体顶部被白雪覆盖，一小片云雾从山顶探出。原来这是一座活火山，它平静的外表下，深藏着近千摄氏度的炙热岩浆。

　　清风吹过，远处山梁上出现一头长相奇特的动物，似鹿非鹿，似马非马，健美的身躯，长长的脖颈，甩着耳朵向远方张望。它是一只南美洲安第斯山区特有的动物——野生羊驼。转瞬间，它就灵巧地跨过灌丛，消失在山坳的阴影里。

　　这里就是阿塔卡马，地图上一般写成"阿塔卡马沙漠"，但这里与通常概念的沙漠大不相同：在热带—亚热带荒漠气候的孕育下，这里没有望不到尽头的连绵沙丘，有的是长着高大仙人掌的干旱山地、寸草不生的戈壁、破碎不堪的火山岩台地、终年积雪的锥形火山、干涸龟裂的盐湖、清澈蔚蓝的咸水湖和冒着热气的神秘间歇喷泉……

　　阿塔卡马地区位于南美洲西海岸中部、智利北部地区，西临太平洋，东抵安第斯山脉，南北绵延

两只安第斯火烈鸟在盐湖中投下倒影。阿塔卡马沙漠中有不少盐湖，都是内陆湖泊，因为地下水和降水远远低于湖水的蒸发量，湖泊大多逐渐趋于干涸

阿塔卡马位于智利北部地区，西临太平洋，东抵安第斯山脉，这里是世界上最干旱的地区之一

阿塔卡马的"月亮谷",因为荒蛮崎岖的地貌似外星球而得名。除了终年持续的干旱,这里白天太阳炙热,把大地烤得急剧升温,而夜里却又很快回冷,昼夜温差很大,气候真的有些像火星

山坡如刀削一般被雕刻成无数小峰,如果不是有一条公路穿行其间,这里很容易让人误以为是外星世界

阿塔卡马沙漠有干涸或半干涸的盐湖近百个，这些盐湖有的镶嵌在深山峡谷之中，有的横卧在茫茫黄沙之上，在太阳的照射下，宛如颗颗明珠放射出耀眼的光辉，为这荒凉寂寞的瀚海增添了几分神秘

阿塔卡马沙漠是一片高原旱地，干旱是这里的主旋律。高耸的山崖寸草不生，被大风磨砺出奇异的造型

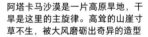

阿塔卡马地下有地热资源，在一些
山谷里形成奇特的间歇喷泉。冰冷
的地下水预热后迅速化为高温蒸
汽，从地面的泉眼喷涌而出

阿塔卡马也并非完全是不毛之地，
地下水、雪山融水造就了一些宝贵
的山间小湖，湖畔长满了坚韧的高
原植物

阿塔卡马地区处于副热带高压带，大气以下沉气流为主，所以很难成云降雨。再加上安第斯山的阻挡，东西两侧的水汽都难以到达，让这里极少下雨，在某些地方，最长有几百年无降水的记录

泉水在泉眼处沸腾。由于地下岩层的压力，温泉口涌出的地下水有时甚至超过100℃

高处是粗犷的山岭，低处是平缓的沙丘，这是阿塔卡马地区常见的景色，这里是安第斯山区乃至全世界最干旱的地方之一

1000多千米，总面积18万平方千米，绝大部分隶属智利，也有少部分属于秘鲁、玻利维亚和阿根廷。

这里是世界上最干旱的地区之一，常年都很少下雨，即使有雨，也只是细小稀疏的雨滴稍微湿润一下地面而已。阿塔卡马地区有几处类似沙地的地方，给人的感觉犹如荒凉的外星球，月亮谷便是其中之一。月亮谷位于智利境内阿塔卡马地区的安第斯山深处，这里的地表破碎荒芜，黄沙之上散落着灰黄色的粗糙岩石，几乎寸草不生；地形崎岖荒芜，酷似月球表面，因而得名"月亮谷"。阿塔卡马区是极好的天文实验基地，离月亮谷不远的地方就是美国与智利联合建设的天文台。这里空气透明度极高，几乎全年都是好天气，不会因为云雾而影响天文观测。对于普通游客来说，这里的天空格外辽阔，是欣赏星空的绝佳场所。

阿塔卡马一侧是浩瀚的太平洋，另一侧隔着安第斯山脉，与亚马孙地区毗邻。很多人都有一个疑问，为什么在世界最大的海洋与最大的热带雨林之间会突兀地出现一大片沙漠之地？其实，这里的干旱正是由于特殊的地理位置造成的。亚马孙的暖湿气流被山脉阻挡过来，而临近的太平洋由于秘鲁寒流的影响，空气下层冷、上层热，又难以成云致雨。这些因素使阿塔卡马的海岸线上呈现出非常独特的景象：金黄的沙滩上几乎没有椰子树，有的只是仙人掌等植物，而离海岸不远处是烈日暴晒下的浑黄色山坡，少有植物覆盖。

在安第斯山脉隆起足够高之前，阿塔卡马地区曾经有很多湖泊，随着地形和气候的改变，湖泊缩减，形成了许多已经干涸或即将干涸的盐湖。盐湖裸露的湖盆看似平坦，却布满坚硬无比的盐块。这些盐块是湖水蒸发形成的，大的如脸盆，小的如拳头，盐分胶结着沙粒，表面十分粗糙，有很多凸起的硬刺。

高浓的盐让湖盆底部寸草不生，沿着湖底的小路走向深处，盐壳下面的液态卤水让湖区弥漫着一股怪味儿。在湖心区，依然有少量残存的湖水，水中的矿物质使湖水呈现出红、白、蓝、灰等不同颜色。

咸水中生活着一种耐盐耐碱的卤虫，这种虫是火烈鸟的美食。阿塔卡马地区主要有智利火烈鸟、安第斯火烈鸟两种。火烈鸟红色的长腿在湖中缓缓行进，不停晃动脑袋，用勺子状的嘴在水里捕捞卤虫，配上远方白雪皑皑的火山背景，形成一幅神秘的画卷。优雅的火烈鸟仿佛穿越时空的精灵，世世代代见证着阿塔卡马的变迁。

干旱的阿塔卡马也有难得的湿润地带。间歇喷泉、温泉是阿塔卡马的秘藏，人们已经在山谷中发现了好几处。安第斯山区有众多火山，地热资源丰富，以间歇喷泉最为著名。参观间歇喷泉的最佳时机是清晨，清晨的气温偏低，远远就能望见山谷中迷漫的水雾。

间歇喷泉的喷发时间不等，有的间隔数小时，有的只间隔十几分钟。每到喷发时，洞口先发出"呼噜呼噜"的怪声，然后有小股水流涌出，之后水流越来越汹涌，最高的能喷出几米，冒着大量的水蒸气。间歇喷泉喷出的水温度极高，所以人们最好与它保持距离，以免烫伤。

山谷中也有几处温泉，有的温度也很高，可以在里面煮鸡蛋。一般到此旅行的人，都会忍不住尝一个略带硫黄味儿的温泉鸡蛋。如果带着泳装，也可以到温度比较适宜的温泉中泡个澡。

阿塔卡马地区几千年来一直是安第斯山原住民的家园，这里曾经出现过很多神秘的文明。在智利伊基克附近的山坡上有一幅巨型人像，高达120米，是用深色石头在浅色沙地中勾勒出来的。没有人知道古人是如何制作如此巨大的画像的。因为干旱，这一巨像得以完整地保存下来，至今依然守护着阿塔卡马的秘密。

耐旱是阿塔卡马植物的共同特点，仙人掌类植物最为常见，这棵巨型柱状仙人掌有5米多高，它的刺把水分蒸发降到最低

智利北部的阿塔卡马沙漠是一片人迹罕至的高原，它虽然临近太平洋，但海洋的水汽难以到达这里，让这里成为世界最干旱的地方之一。图为阿塔卡马沙漠中的龙爪球属仙人掌

一只灰狐以警觉的眼神侧步走过巨大的柱状仙人掌，虽然是食肉动物，但恶劣的条件让它不太挑食，偶尔也吃一些果子

18

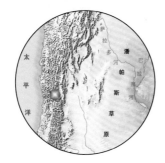

阿根廷—智利

Cerro Aconcagua
阿空加瓜山

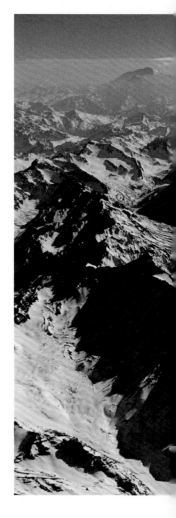

从高空鸟瞰，绵长的安第斯山脉纵贯南美洲，从赤道一直到最南端的火地岛，无数的雪山高峰犹如一个个巨人，列队守卫着这片大陆的西部。在安第斯山脉的雪峰中，位于阿根廷境内的阿空加瓜山海拔6960米，是南美第一高峰，也是西半球第一高峰，被称为"美洲巨人"。

阿空加瓜山位于安第斯山脉的南段、阿根廷与智利交界的门多萨省的西北端。"阿空加瓜"在当地原住民的语言中是"巨人瞭望台"的意思。阿空加瓜是一座火山，整个山体呈圆锥形，山顶有凹下的火山口，山坡上可以看到火山喷发后岩浆在山坡上流动留下的痕迹。不过，自有人类文明以来，阿空加瓜没有过任何活动迹象，现在的火山口里也是一片冷清，没有热气，是世界海拔最高的死火山。

阿空加瓜山山势不太陡峭，山峰顶部较平缓，东侧和南侧的雪线高度为4500米，发育着现代冰川。其中菲茨杰拉德冰川长达11.2千米，汇入奥尔科内斯河，下游的门多萨河灌溉了阿根廷重要的葡萄产区。

而阿空加瓜山的西侧降水较少，只在接近山顶的地方才有终年积雪。不过，山的西北侧孕育了阿空加瓜河的右源。这条河流穿越智利中部，注入太平洋，全长

阳光给阿空加瓜山染上一层暖色，作为亚洲山脉以外的第一高峰，阿空加瓜山宏伟但不艰险，深受登山爱好者们的喜爱

在阿空加瓜山的雪线以上，到处是
陡峭的岩石，它们是风雪与严寒磨
砺出来的。只有不畏艰险，登到高
处才能见到这样的景色

阿空加瓜山属于安第斯山脉，东北
以瓦卡斯峡谷为界，西南至奥尔贡
内斯·因菲尔里奥峡谷，它和周边
区域是阿空加瓜省级公园的一部分

落日的余晖中，层层叠叠的安第斯山脉被染上一片金色。在阿空加瓜山，可以欣赏到无比壮丽的高山景观

142千米, 流域面积7340平方千米。河谷是智利优良的农业区, 出产优质的葡萄酒。对于南美洲的葡萄酒酿造产业来说, 阿空加瓜山功不可没。

阿空加瓜山的西侧虽然少有冰川, 但是却有很多文化遗迹, 所以大多数游客也会来这里游览。在南美洲争取独立的战争中, 著名的阿根廷民族英雄何塞·德·圣马丁就曾率军从这里翻越安第斯山脉, 去解放智利和秘鲁。人们在这里修建的卡诺塔纪念墙, 就是为了纪念这位南美独立战争的领袖和他的战士们。

纪念墙以西的维利亚西奥村坐落在海拔1800米的高地上, 四周风景如画。旁边有一所著名的温泉旅馆, 是游客颇为喜爱的休养地。经过一段被称为"一年路程"的大弯道后, 便是海拔2000米的乌斯帕亚塔村。村子附近有当年安第斯山军砌成的拱形桥——皮苏塔桥以及兵工厂、冶炼厂等遗址。再前行就来到海拔3000米左右的乌斯帕亚塔镇, 这座小镇旅游设施完善, 对于想拜谒阿空加瓜山的人来说是一个非常理想的落脚点。从小镇可以去探索附近的天然石桥——印加桥。桥附近有一组高大的岩石峰, 恰如一群默然站立的忏悔者, 因此被称为"忏悔的人们"。过印加桥西行, 在海拔3855米的拉库姆布里隘口矗立着一座耶稣铸像。建于1902年的铸像高7米, 重4吨, 面朝阿根廷方向, 这是阿根廷和智利为纪念和平解决南部巴塔哥尼亚边界争端签订《五月公约》而建立的。基座上铭刻着: 此山将于阿根廷与智利和平破裂时崩塌在大地上 (寓意为"和平永存")。

由于四周都是海拔很高的山地, 阿空加瓜山的生态系统并不复杂, 山麓是高山草甸、流石滩, 高处便是寒冷的雪线, 难有动植物生存。不过这里重峦叠嶂, 为鸟类和野生羊驼提供了很好的庇护所, 野生美洲狮也在这里活动。

阿空加瓜山以它的高大巍峨吸引了全球许多地方的登山爱好者。最早记载的登山者便是阿根廷的圣马丁将军一行, 不过由于他们的主要任务是路经此地去解放智利, 所以并没有登顶。当时, 圣马丁将军遥望这座巍峨的雪峰, 把它称为"南美巨人"。到1897年才有职业登山者成功登上阿空加瓜山的顶峰, 明确记录了山顶的火山口。

在咫尺之遥仰望阿空加瓜山顶峰巨大的山体，山壁的纹路清晰峥嵘，陡峭处岩石暴露在外，缝隙中与山脊上是终年不化的积雪

高耸的冰塔是冰川留下的痕迹。夏季冰川冰大量融化，残留下一根根笋状冰塔

此后，无数登山爱好者向阿空加瓜山发起挑战，试图征服这座"巨人"。比起喜马拉雅山等高山，攀登阿空加瓜山难度不大，四面皆可攀登，也不需要携带氧气瓶。但山上变幻莫测的恶劣天气却成为攀登的难点，万里晴空瞬间就能变成暴风飞雪，为攀登阿空加瓜山增添了戏剧性和挑战性。1997年2月，一支登山队开创了一条更短、技术难度也比较低的线路，此后，即便是普通人也可以尝试一登"南美巨人"了。

阿空加瓜山目前也是世界上登山活动管理最好的几座山峰之一。每年有3000人攀登阿空加瓜山，70%的人能够实现登顶。每位登山者需申请入山许可，进山前在管理处建立档案，山下随时有救援直升机待命。队员攀登过程中要将自己的排泄物和生活垃圾装进密封袋，然后一直背到大本营集中处理，以保护山峰的生态环境。

因为气候比较干旱，阿空加瓜山上虽有冰川，但是它们的积雪并不是特别厚实。相对于世界其他高峰，阿空加瓜山攀登的难度比较低

因为攀登路线比较简单，而且高原反应不太明显，阿空加瓜山吸引
了大量游客。他们喜欢背着大包，在安第斯山深处徒步。图为阿空
加瓜山上的登山者

19

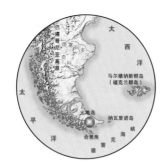

阿根廷—智利

Tierra del Fuego
火地岛

乌斯怀亚位于火地岛的南部海岸，在这座小城的海边最显眼的位置写着一行大字——"这里是世界的尽头"。也许你会问，世界的尽头不是南极吗？怎么成了火地岛？这其中的奥秘就在于，那个时候，人们还不知道南极的存在，而火地岛却恰好给了人们"世界尽头"的感觉：从地理位置来说，乌斯怀亚是世界最南端的城市，再往南，跨越德雷克海峡，便是南极洲的冰雪世界；从人们心理上的感觉来说，火地岛在近代一直是阿根廷的重刑囚犯流放地，很多囚犯都在这里一直走到自己生命的尽头。

火地岛上气候寒冷，不论是修建房屋还是烧火取暖，都少不了木材，于是囚犯们每天重要的工作之一就是伐木。乌斯怀亚是他们最早的定居地，其周边的树林都被砍光后，他们只能到更遥远的山区去伐木。为了方便运输，从乌斯怀亚修筑了一条窄轨铁路，一直通到山区。如今，这条铁路仍有一部分继续运营，而这一部分，就在火地岛国家公园里。

火地岛东部属阿根廷，西部属智利。阿根廷于1960年在岛上建立了国家公园。火地岛国家公园是世界最南端的国家公园，这里面山临海，森林茂盛，景色宜人。

火地岛国家公园里的河流上，经常能看到这样用树枝修葺起来的"水坝"，这是河狸的杰作。

火地岛上险峰陡立，洁白的冰川沿着山坡倾斜而下。这是火地岛智利部分的弗朗西斯冰川，它的末端形成了一个绿色的高山湖

火地岛的山地海拔不算太高，但是由于纬度高、气候寒冷，山岳上能形成规模壮观的大冰川

火地岛上山峦起伏，这里的山是安第斯山的余脉，公园里有海拔2000米左右的山峰。因为这里是岛屿，所以山地的相对高差很大，站在海边看，海拔1000多米的山都会显得非常高。加上这里的雪线很低，即使在夏天，海拔超过800米甚至更低的地方也会有积雪。所以火地岛的山峰，虽然绝对海拔不太高，但是给人的直观感受却非常雄伟。

火地岛虽然气候寒冷，但并非真正的苦寒之地。这里受南大洋盛行的西风影响，全年都比较湿润，夏天不会太热，冬天也不是很冷。每年的3—10月都是冬天，一般最冷在0℃上下；11月到次年2月为夏季，天气比较暖和，而当地人通常称之为旺季——旅游的旺季。

这种气候条件很利于植物生长，国家公园里除了湖区和山峰，大部分地区都被绿色的森林或草地覆盖。山上是葱郁茂密的森林，山谷低洼处多有沼泽、湖泊。

阿根廷的火地岛国家公园占地600多平方千米，面积广大的公园里有着无数隐秘的美景。虽然一些景区可以开车到达，但是徒步穿越森林才是探索美景的最好途径。

夏季，位于火地岛的艾维尔（Alvear）冰川底部被雪水冲融出空洞，人们从冰川的边缘钻进洞中，探索神奇的冰下世界

火地岛国家公园里，海滩上长着高大的树木。由于气候寒冷，树木生长得很慢。过去，火地岛是囚犯流放地，囚徒们经年累月地在这一带砍伐树木。现在，这里的树林得到良好的保护

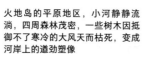

火地岛的平原地区，小河静静流淌，四周森林茂密，一些树木因抵御不了寒冷的大风天而枯死，变成河岸上的遒劲塑像

火地岛一年只有两个季节——短暂的夏季和漫长的冬季。夏末时节，火地岛五颜六色的自然景观把大地染成一幅画卷

火地岛国家公园里有星罗棋布的湖泊，因为这里地下水丰富，所以低洼的地方很容易形成小湖和沼泽

一只灰头信天翁在自己的巢穴上伸展双翼。这种海鸟擅长飞行，翼展平均有2.2米，它们在海上以捕鱼为生

一对成年山狐，它们是南美洲第二大的犬科动物，主要捕食啮齿动物、鸟类和一些爬行动物，有时候也会吃植物

草地上有一对斑胁草雁，白色的雄雁在一旁守护着雌雁。斑胁草雁主要在水边的草地活动，但它们陆栖性很强，而游泳水平不高

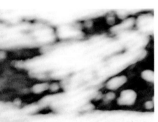

一只岛海狮的幼崽在草地上等待母亲。岛海狮在18—19世纪被大量捕杀以获得其皮毛，20世纪初，人们以为它们已经完全灭绝，好在当时还有一小群残留在南乔治亚的鸟岛上

火地岛有幽静的温带原始森林，由于气候湿润，树干上常常出现颜色鲜艳的真菌或寄生植物，这让森林看起来更加丰富多彩。山谷中生长着大量的山毛榉树，树干上经常附生着一些橙色的圆球真菌，这种色彩艳丽的菌类居然能吃，据说火地岛的原住民经常采集它们作为非常重要的口粮。

有时在河边能看到一大片倒伏的树木，地上还撒满了木屑。国家公园里早就禁止砍伐树木了，那么破坏树木的"凶手"是谁呢？原来不是人类，而是一种动物——加拿大河狸。

20世纪40年代，人们把50只河狸从加拿大引入火地岛，想养殖它们获取皮毛。河狸在没有天敌的情况下很快适应了这个离家17 000千米之遥的新环境，现在数量已经达到25万只。但是有趣的是，生活环境的改变却并未使河狸改变原有的生活传统。在河狸的老家加拿大，冬天河流会结冰，因为河狸巢的洞口在水中，如果太靠近水面，会被冰冻住。于是聪明的河狸想出了一个解决方案，每到秋天，它们就会在洞口附近筑起一个高高的"水坝"，以储存更多的水量，从而提高水位，这样它们就可以高枕无忧地过冬而不必担心洞口被冻住了。虽然火地岛的冬季河水基本不结冰，但是河狸们依然保留着修筑大坝的本能。"固守传统"的河狸们大肆啃树建坝，对岛上森林破坏严重。

沿着河走，不时就能看到树枝堆成的四五米宽的"水坝"截住河水。河狸的体长最多不过1米，很难想象这么小的动物竟能建造出如此宏伟的工程。

在海边开阔的草地上，最容易看到从远方迁徙来的雁类。它们经常成双结对或者带着雏鸟，要么在草地上休憩，要么在海水、湖水中漫游，好不惬意。

11月初是阿根廷火地岛国家公园最美的时节，这时候满地都是花朵，特别是艳黄色的蒲公英，大片大片地铺满地面。而到了次年2月末，夏季与冬季的转换期，有些树木变换颜色，山林会呈现出丰富的层次，极具美感。

火地岛及其周边的小岛为太平鸟类提供了良好的栖息地，图为岛上的一处鸬鹚繁殖地

20

阿根廷

Bariloche
巴里洛切

　　越过以荒凉著称于世的巴塔哥尼亚高原，在阿根廷的内陆深处，隐藏着一处动人的风景——天边一排整齐的雪峰下，湛蓝宽阔的湖面倒映着白云，森林茂密的小岛散落在湖面上，勾勒出一副童话中的和谐风光。这就是巴里洛切，因为这里的湖光山色并不逊色于欧洲阿尔卑斯山下的景色，也被称为阿根廷的"小瑞士"。

　　巴里洛切毗邻智利的巴塔哥尼亚北部地带，那一串明珠般的高原湖泊就横卧于安第斯山脉林木葱郁的东部山麓。1903年，这片土地最早的探索者之一弗朗西斯科·莫雷诺将75平方千米私有土地捐给阿根廷政府，30年后，围绕湖区最大的纳韦尔瓦皮湖（Nahuel Huapi Lake）设立了阿根廷最早的国家公园——纳韦尔瓦皮国家公园。公园从西侧边境的雪峰冻土一路下降到东部的巴塔哥尼亚旱生草原。

　　纳韦尔瓦皮湖是淡水湖，湖盆由数个冰川谷和中新世峡谷的冰川堰塞湖组成，今天在西南岸依然留有冰川的痕迹。湖水清澈湛蓝，绿岛茵茵。纳韦尔瓦皮湖有七个主要分支，常被称为"七姐妹湖"。"七姐妹湖"的湖面颜色及周围植被各有不同，风采各异，阳光照在水浅处会呈现出中国九寨

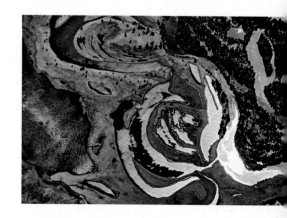

从坎帕纳里奥山放眼望去，纳韦尔瓦皮湖最开阔的景致尽收眼底。蓝色的湖水被林木葱郁的岛屿和半岛分割开来，水天蓝绿交织，有如"天空之城"

大群的海藻鸥从纳韦尔瓦皮湖面飞起，遮挡了后面的皑皑雪山。纳韦尔瓦皮湖为高原淡水湖，湖面海拔770米，湖水主要来自四周雪山积雪的融水

从高空中俯瞰巴里洛切，卡伦鲁夫河的支流在这里伸展、卷曲，犹如绿色大地上绽开的花朵

盛夏，清晨的第一缕阳光照亮了教堂峰的尖角，野花在岩缝中盛开，唐切克湖（Tonchek）湖面平滑如镜。教堂山（Cerro Cathedral）位于纳韦尔瓦皮湖畔，主峰海拔2388米，是南美洲最负盛名的滑雪胜地之一

特罗纳多尔峰（Tronador）的皑皑白雪终年不化，在蓝天下熠熠发光。特罗纳多尔峰位于阿根廷与智利的边界，它的名字是"雷声"的意思——山上冰川末端的冰块时常从山壁滑落，发出雷鸣般的声响

沟那样斑斓的色调。沿湖而行的"七湖路"是可以一览七湖美景的最受欢迎的景观大道。

冰冷的湖水使这里成为多种鳟鱼的家园，也吸引了各地垂钓爱好者以及多种水鸟。有趣的是，尽管此处湖面海拔达770米，且远离海岸，却仍然成为来自海洋的黑背鸥和蓝眼鸬鹚的固定栖息地。

巴里洛切之所以令人惊艳，就在于它与周边环境的对比。它的四周几乎都是干旱地带，西侧的安第斯山脉如一堵高墙阻绝了南太平洋的水汽，造就了巴塔哥尼亚高原的荒凉。而安第斯山脉在巴里洛切附近地势较低，在此形成一个缺口，水汽可以长驱直入。巴里洛切因此有了得天独厚的条件，除夏季有短暂的干燥外，其余三季雨雪充盈，土地湿润，绿荫环绕。

得益于多雪的冬季，纳韦尔瓦皮湖畔海拔2388米的教堂山成为南美最负盛名的滑雪胜地之一。这里也是纳韦尔瓦皮国家公园最好的观景台，游客们四季不间断地被缆车送上山顶，饱览那蓝宝石般的湖景。

教堂峰峥嵘的岩石在短暂无雪的盛夏森然而立，紧邻其下的施莫伊尔湖清且浅，依然冰冷。在海拔近2000米的高山苔原带，只有贴着土地和岩石的苔藓与地衣带来绿意，即使山下草木丰茂的夏天，这里还是显得肃杀

夏季在湖畔徒步，山脚下低矮的灌木丛野花遍地，高大的温带森林终年常绿，树冠下生长着茂密的蕨类植物。向高处穿过林带，就进入岩石峥嵘、常年积雪的高山苔原地带。若是12月的夜晚，裹着厚厚的滑雪服在弗雷营地的小木屋里烤着火，与来自世界各地的徒步旅行者同唱圣诞歌，哪里会想到仅半天脚程的山下竟是夏天呢？

公元16世纪西班牙人入侵以前，这里是原住民马普切人的乐园，他们的语言和神秘信仰为公园罩上了令人神往的光环。"纳韦尔瓦皮"在马普切语中是"美洲虎的岛屿"的意思，但是在当地人的口中，"纳韦尔瓦皮"就是一个被魔法变成了美洲虎的男子，他就是这个湖本身。

抛开美景，"纳韦尔湖怪"是另一个刺激神经的兴奋点。20世纪初，"有巨大生物生活在纳韦尔瓦皮湖深处"的传说渐渐流传开来。在柯南·道尔描写南美史前生物的小说《失落的世界》问世之前，也早在英国"尼斯湖怪"的传言出现之前，就有人宣称目击过"纳韦尔湖怪"。1922年，布宜诺斯艾利斯动物园就派人进行了调查，结果，就像世界上其他传说中的水怪一样，没有证据，可传说依旧流传。

野生的羽扇豆花在纳韦尔瓦皮湖边怒放。羽扇豆在南美广泛分布，紫色的安第斯高山羽扇豆是当地特有的品种，对于中国人来说它更耳熟能详的名字是"鲁冰花"

阿根廷的巴里洛切以风光优美著称，这里的高山、小岛、湖泊、森林相互映衬，与瑞士有几分相似，所以这里也被称作"小瑞士"

从盛开的野花丛中，可以看到顶部披着白雪的洛佩兹山。在宏伟壮丽的安第斯山脉与荒凉粗犷的巴塔哥尼亚高原之间，巴里洛切就像一个安闲而舒适的世外桃源

21

阿根廷

El Glaciar Perifo Moreno
莫雷诺冰川

在阿根廷的冰川国家公园里，即使暖和的天气，游客们也大多穿着专业户外服装，任山谷中盛开的花朵再鲜艳夺目也不敢掉以轻心，因为谁也不敢轻视闪耀着蓝色光芒的壮观冰川。不过，大多数人并没有参加冰上徒步之类的项目，而是三三两两地坐在长凳或围栏上，安静地等待着——直到冰川的某处发出雷鸣般的巨响，人们才会拥到前面，用各种语言说："在哪儿？在哪儿？"

大家的等待是为了观看莫雷诺冰川末端的冰壁坍塌。莫雷诺冰川是冰川国家公园的核心，壮丽的大冰川从两山之间倾泻而下，在冰川末端的冰舌处形成一个宁静的湖泊。冰层很厚，浸泡在湖水中的冰舌末端形成高大的冰壁，冰壁露出水面的高度有60米左右。因为冰川活动强烈，夏季每隔几十分钟就会有某处冰壁坍塌，而这就是最受游客喜爱的景观。

"看热闹"是全世界游客的普遍心理，而且二十几层楼高的冰壁坍塌也确实好看：冰壁通常从下面开始断裂，冰川末端的冰层有很多缝隙，缝隙被冰川融水和下面的湖水侵蚀而扩大，当缝隙大到一定程度，就如危墙一样摇摇欲坠。等到某一点支撑不住，在

从天空俯瞰，可以看到莫雷诺冰川的冰上纹路。这个冰川以运动速度快而闻名，它位于南美大陆南部阿根廷境内，源于安第斯山脉，止于阿根廷湖，全长30千米

莫雷诺冰川末端的冰墙崩塌了一片，冰块落入水中，激起一阵水雾。从1917—2012年，共记录了19次大规模的冰崩事件，而小规模的崩塌，在夏季则每天都会发生好几次

阳光和阴影之间，莫雷诺冰川末端的大冰壁呈现出深浅不一的蓝色。这里海拔不高、气候条件也很好，冰川末端的岛屿上长满了青翠的树木，人们甚至可以在花丛中欣赏冰川的美景

莫雷诺冰川沿着浅浅的山谷流淌下来，受到阿根廷湖中麦哲伦半岛的阻挡而停止，如果没有岛屿的阻挡，它的长度将不止30千米

冰川冰由于受到挤压，冰晶内部结构改变，所以会呈现出蓝色。白色的冰雪与蓝色的冰相互穿插，仿佛进入奇幻世界

上层冰的巨大重力压迫下，冰块崩裂，发出"嘎吱嘎吱"的响声，然后一块冰墙轰然崩塌，冰花、雪屑四溅，在湖水中激起高高的波浪。待一切平静之后，看冰川末端的"新伤"，是冰川冰特有的梦幻般的浅蓝色。

冰川国家公园位于阿根廷的圣克鲁斯省，在南美洲南部，属于巴塔哥尼亚地区。欧美人说起巴塔哥尼亚，就像中国人说起青藏高原，首先会联想到"荒凉""狂野""壮观"等词。巴塔哥尼亚高原位于南美大陆南端，南北长2000千米，就像南美洲大陆伸向南方的一支宽大触角，与南极半岛隔海相望。它属于世界上最长的山脉安第斯山脉的南端。巴塔哥尼亚高原大部分地区非常荒凉，但却拥有最令人惊异的风景，而冰川国家公园是其中最受人们欢迎的一处。

这里的莫雷诺冰川是世界上运动速度最快、最活跃的山岳冰川。据科学家测算，莫雷诺冰川每天都会向前推进30厘米左右，冰川末端受到来自后方的巨大挤压力，所以才会经常坍塌。

远观莫雷诺冰川，像一条凝固的白色河流顺山势流淌而下，冰川表层，被自然的风力和水力雕琢出千奇百怪的造型。越靠近冰川末端，表面的裂隙越多，"冰雕"也就越多样，有的像充满气孔的奶酪，有的像用勺子挖起的冰激凌，虽然明知道只是冰雪，但依然会有一种上前尝一尝的冲动。

想要与冰川亲密接触，可以参加冰川徒步项目。不过由于莫雷诺冰川活动剧烈，冰层不稳定，所以徒步不能独自进行，必须要有公园工作人员的组织、带领。冰川的冰层表面并不平整，高高低低、沟壑纵横，还有无数缝隙。谁也不知道这些缝隙到底有多深，冰川的融水会顺着缝隙向下流，把缝隙不断加深、扩展，有可能在冰层下"挖掘"出一条冰下河。如果不小心落入这些缝隙，很可能就此消失……

夏季气温高，冰川更加活跃，所以大多数人选择更安全的方式欣赏冰川——坐船。不过，选择坐船的人们总是抱着矛盾的心理，一方面希望近距离欣赏冰壁坍塌的壮丽奇观，一方面又担心坍塌过于剧烈，在湖面掀起大波浪，会对船只造成危险。历史记载，莫雷诺冰川有数十次大规模的崩塌，平均四五年一次。

　　相对于大多数海拔高、气候寒冷的山岳冰川来说，莫雷诺冰川是非常有亲和力的。冰川末端的海拔只有200多米，当你面对奇幻的蓝色大冰川时，身边却繁花似锦、树木葱郁，你丝毫不会有高原反应，这也是莫雷诺冰川大受欢迎的原因之一。

如果受过专业训练，可以在冰壁上尝试攀冰等运动。不过因为莫雷诺冰川运动速度快、冰上缝隙多，必须要找到安全的地点才能进行

冰川的表面并不平滑，冰顺着重力向低处流动，所产生的挤压力使冰川表面形成很多皱褶，像凝固的水波纹一样

在专业领队的带领下，人们可以与莫雷诺冰川来一次亲密接触，在冰原上徒步行走

冰墙塌落下来的大冰川漂浮在阿根廷湖中，这些泛着淡蓝色的冰块
造型奇特，是大自然的天然雕塑艺术品

22

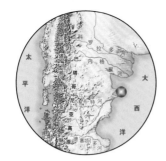

阿根廷

Península Valdés
瓦尔德斯半岛

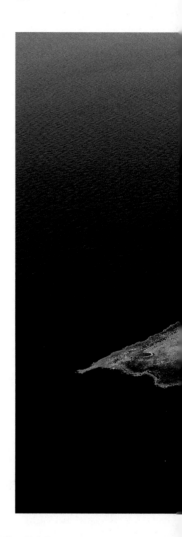

　　晴朗的天空中，远远地飘着几片云朵，火烈鸟、逐鸟、鸣鸟、海鸥自由自在地盘旋、翱翔，美丽的羽翼遮挡住太阳的光芒，清脆的鸣叫声在空中回荡。然而这声响却惹怒了秃鹫，它扑动着双翅，从远处猛冲过来，惊散了鸟群……而地面上更是热闹非凡，随风摇摆的茫茫草丛中，美洲驼、犰狳、火鹤、鹧鸪时隐时现，狐狸、野兔蹦蹦跳跳地穿梭其中。蔚蓝的大海仿佛铺展开的一块巨大蓝绸，波浪起伏之间，毛皮海狮、海象、南露脊鲸等在大海中欢快地嬉戏……这些奇妙美好的画面，不需要你闭上眼睛去想象，来到阿根廷的瓦尔德斯半岛，美景就在眼前。

　　瓦尔德斯半岛位于阿根廷南部的大西洋海岸，北面是圣何塞湾和更大的圣马蒂亚斯湾，南面是努埃沃湾，面积约3625平方千米。它实际上由一系列的海湾、悬崖、海岸及岛屿组成，与陆地相连的部分，最窄的地方只有5000米。从天空鸟瞰，它就像一把锤子摆在辽阔的海面上。它海拔最低处低于海平面35米，最高处海拔仅100米，中部高高隆起，四周的莽原一片平坦。周围的海岸上，矗立着一座座锥形的石丘，远远望去似乎埃及的金字塔，只不过"金字塔"后面一望无垠的大西洋，用汹涌的波涛

瓦尔德斯半岛怪石峥嵘，峭壁林立，到处长满单调多刺的灌木丛。这里的一切自然景物都带着风暴吹打的痕迹

在阿根廷大西洋沿岸的中部，有一个伸进大海的锤形半岛，这就是瓦尔德斯半岛。它通过一个8千米宽的阿梅希诺地峡与阿根廷巴塔哥尼亚地区平原地带连接起来。半岛上有些盐碱滩低于海平面近40米，是整个南美大陆最低的地方

瓦尔德斯半岛的北港，长满水草的浅滩被海水切出一条条沟壑。这些潮汐地带的水草丛中，生活着大量小虾、小螃蟹、贝类等小型海洋生物

瓦尔德斯半岛的皮拉米德湾是著名
的观鲸地：在冬季能看到座头鲸、
露脊鲸、抹香鲸和逆戟鲸等。这里
最著名的鲸类是虎鲸，它们会冲上
沙滩捕猎海豹

露脊鲸

座头鲸

虎鯨

提醒着世人这里是瓦尔德斯半岛，不是埃及。阿根廷的马德林港是前往瓦尔德斯半岛的门户，也是半岛各条旅游路线的起点。

　　瓦尔德斯半岛是闻名遐迩的"动物避难所"，每年的6—8月是南半球的冬季，南极海域的动物们纷纷北上，成群结队地来到这里过冬、繁殖，场面极其壮观。其中的皮拉米德湾是巨鲸们选择的最佳越冬地。站在海岸边的高坡上，可以看到成群结队的巨鲸掠过湛蓝的海面，有的头顶喷出两道水柱，形成一个字母V；有的突然腾空而起，跃出水面；有的挺起巨大的尾巴。这里有属于世界上现存的11种大型鲸之一的抹香鲸，它们有硕大的黑色身躯，腹部点缀着些许白斑。9—10月是观赏抹香鲸的最佳时期。因为正值繁殖期，抹香鲸通常都是一雌一雄成双结对地活动，在水中亲昵地翻滚追逐、翩翩起舞。

　　还有一种逆戟鲸，黑背白肚皮，背鳍上有很大

一小群海狮在海边的岩石上晒太阳。海狮擅长游泳，但是在陆地上却不太灵便，所以它们的活动范围一般不会离水面太远

瓦尔德斯半岛有好几处"海狮乐园"，大群的南海狮聚集在沙滩上。这是一群带着幼崽的母海狮，母子们通过气味和声音相互辨认

一群海狗在海中嬉戏。海狗体型比海狮略小，但是它们同样有高超的游泳技术，在水中可以"上下风翻飞"，非常活跃

瓦尔德斯半岛是麦氏环企鹅最主要
的繁殖地之一，海滩上经常能看到
大批的麦氏环企鹅吵吵闹闹地聚集
在一起

麦氏环企鹅体型不大，以鱼虾等海
洋生物为食，喜欢集群居住在南半
球南部的海岛和半岛上

的白斑，由于牙齿很锋利，所以这里的其他鲸类，如露脊鲸、长须鲸、座头鲸、灰鲸、蓝鲸等都很怕它。如果你发现一头巨大的逆戟鲸在水中不停地摆动着尾巴，故意制造出一个向上推进的漩涡，那就意味着一场精彩的猎杀表演悄然开始了。很快，一头灰鲭鲨或是长须鲸就被漩涡吸引过来，并在漩涡附近的水面慢慢浮出，以探虚实。就在猎物慢慢接近水面的时候，捕猎的逆戟鲸很快找到一个适当的身体支点，然后迅速地将自己的尾巴掀离水面，像空手道选手一样从上而下地使出一记"掌劈"，将尾巴重重地击打在猎物身上。猎物往往瞬间被击晕。逆戟鲸便抓住这一良机，以迅雷不及掩耳之势将其身体翻转过来，开始一顿美味大餐……

而距瓦尔德斯半岛约100千米的海岸边，有一个凸出的岬角，叫作"童破角"。站在海滩高处放眼望去，到处都是企鹅，其数量居于南美大陆之冠。有一种麦氏环企鹅身高仅30厘米，它们或是摇摇摆摆地走在沙滩上，或是懒懒地睡在灌木下，要不然就是站在自己的洞穴门口东张西望，十分可爱。

半岛西面的海滩上则是成千上万只象海豹的领地。这种珍奇的象海豹是鳍脚动物中最大的一种，身长6米，重量可达3.5吨，鼻子还可以伸缩自如。不过，由于没有眼皮，一旦风沙袭来，象海豹常常泪流满面，像是在痛哭流涕。象海豹性情十分温和，见到游人靠近它们时，只是自卫地大声吼叫，然后把身子弯成弓形，笨拙而迟缓地向大海爬去……

瓦尔德斯半岛虽然被动物们视为乐园，却得不到植物的垂青。岛上土地贫瘠，杂草丛生，盐湖密布，偌大的半岛甚至没有一株高大的植物。每当强劲的海风吹来，草丛刷刷作响，颇有一种肃杀、破败的气氛。

瓦尔德斯半岛具有典型的冻土草原气候，干燥、荒凉、多风，并不太适合人类居住，居民仅有数百人。这里唯一的居民点——篷塔德尔加达在靠近新湾的岸边。

有人说，在瓦尔德斯半岛，动物的数量比居民还多。这话一点都不夸张，来到瓦尔德斯半岛，你就会真切地体会到动物才是这片土地真正的主人。

瓦尔德斯半岛上的岩鸬鹚，在沿岸峭壁光秃的岩石上用树枝、海藻或水草等筑巢

23

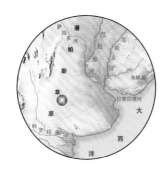

潘帕斯草原位于南美洲大陆的东南部，大部分面积属于阿根廷。它是世界上最平整、辽阔的草原，也是最优良的牧场之一

阿根廷

Pampas Steppe
潘帕斯草原

在潘帕斯草原上驾驶汽车是一件既轻松又疲劳的事儿。说它轻松是因为这里地势平坦得几乎没有任何起伏，精神不用太紧张；而说它疲劳也是因为潘帕斯草原过于平坦，没有任何参照物来获知方向和速度，让人感觉世界不再是立体的，而是变成了一片平展无垠的绿毯。

潘帕斯草原位于南美洲的南部，东临大西洋岸，西达安第斯山脉，南至巴塔哥尼亚高原，北到大查科平原。面积约76万平方千米，包括了阿根廷的中部和东部、乌拉圭的绝大部分国土和巴西南方的南里奥格兰德州。潘帕斯草原按气候条件可以分成3个生态区：北部是位于巴拉纳河以东的亚热带稀树草原，这里地表略有起伏，有一些稀疏的树林散落在干热的草原上。中部是阿根廷布宜诺斯艾利斯地区的湿润黄土草原，南美洲第二大河拉普拉塔河从这里注入南大西洋，带来了持久丰沛的水源。河岸与河中的诸多岛屿上遍布着在潘帕斯难得一见的高大树木。这里也是南美洲经济最发达、人口最稠密的地区，拥有阿根廷首都布宜诺斯艾利斯和乌拉圭首都蒙得维的亚等大型都市。其他地区是半干旱草原，降水量不足以发展农业，却是世界闻名的畜

沿着小溪，生长着一丛丛的蒲苇。
草原上的溪流非常重要，是野生动
物和家养牧群的宝贵水源

潘帕斯草原位于南美洲中部，从大
西洋沿岸延伸到内陆的安第斯山区
的山麓附近，它是南美大陆最大的
草原区，也是最重要的牧业基地

雨后车辙上存留的水在草原中央形
成了一个个小水坑

潘帕斯猫是草原上的顶级掠食动
物，它们体型比家猫大，性情凶
悍，但是由于畜牧业和早期人类的
大规模狩猎，现在数量非常稀少，
需要保护

一头鬃狼警惕地望着镜头的方向。
鬃狼是南美洲体型最大的犬科动
物，也是南美特有物种，它们长相
既像狼又像狐，肩颈部有长长的鬃
毛，是犬科动物里独立的一支

牧业天堂。

"潘帕斯"这个名字来自克丘亚语，意思是"平坦的地方"。除了两座不高的山峰，这里几乎全是没有任何地势起伏的大草原。高耸的安第斯山阻隔了太平洋温暖水汽向东移动的通道，使潘帕斯地区的降水量适合草原地貌的形成。而这里的地势过于平坦，任何高过草的植被，无论是乔木还是灌木，都难逃雷击引起的野火。因此，潘帕斯草原几乎没有原生树木，除了在拉普拉塔河两岸有树木存在，偌大的潘帕斯完全被一望无垠的针茅草所覆盖，透着一股令人心悸的空旷和苍凉。

潘帕斯草原曾经是野生动物的天堂。针茅草支撑了种群数量庞大的潘帕斯鹿、美洲鸵和原驼，而美洲狮则处于草原食物链的顶端。少量印第安部落聚居在拉普拉塔河沿岸，以狩猎为生。几百年前，欧洲殖民者为潘帕斯带来了新的物种，大到牛、马，小到野猪、欧洲野兔和麻雀，使这里的动物种群发生巨变。殖民者大量猎杀原生动物来获取肉食和皮毛，同时用畜群挤占了野生动物的生存空间。如今，只有在潘帕斯草原的个别荒僻地区还存在濒临灭绝的美洲狮、潘帕斯鹿和原驼。美洲鸵是潘帕斯的特有物种，它们虽然和非洲鸵一样不会飞行，体貌也很相似，却并无亲属关系。成年的美洲鸵身高大约170厘米，重40千克。在乌拉圭北部，至今仍能见到成群的美洲鸵迈开双腿在公路边狂奔的景象。

潘帕斯草原的土壤和气候条件适合人类进行大规模农业和畜牧业活动。如今潘帕斯的大部分地区已被开辟为农庄和牧场，不少大型牧场的面积超过50平方千米。阿根廷也借助潘帕斯草原的物产成为世界上牛肉、小麦和大豆的主要出口国之一。

潘帕斯草原上生活着一群有着自己独特习俗的牧人，他们骑马跋涉上千千米、用几个月的时间赶着几百头牛追逐水草。白天，他们身着毡毛斗篷、圆礼帽、肥腿裤和长靴来抵御草原上变化无常的天气；夜晚，他们围坐在架着烤肉的篝火旁，一边啜饮着马黛茶，一边弹起吉他，唱出自己的苦难和欢乐。他们就是高乔牛仔，潘帕斯草原真正的灵魂。

　　早期的高乔人是西班牙殖民者与潘帕斯草原印第安人的混血后代。他们不被任何一方所认同和接受，只能在草原上流浪，有时候会猎取一些野味，但主要还是靠为牧场主放牛为生。他们是最好的骑手、最熟练的牛仔，过着最自由不羁的生活。进入20世纪之后，草原被按照牧场的大小用铁丝网分割成碎块。牛群生活在牧场中，不再为了水草而长途跋涉，高乔人也随之定居下来。但他们的游牧传奇已经成为潘帕斯草原最值得骄傲的回忆。

由于大型猛兽几乎早已被猎杀殆尽，潘帕斯狐成为草原上的主要捕食者。它们会吃掉大量草原鼠，但有时候也会袭击羊群

一只雄性伶鼬豚鼠在潘帕斯草原的矮草地上活动。这种豚鼠分布很广泛，从秘鲁南部到阿根廷中部都有，在潘帕斯草原上比较常见

高乔牧人驱赶着自己的羊群。潘帕斯草原是南美洲最优良的牧场，也是南美洲最重要的牛羊养殖地

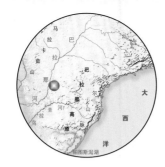

24

阿根廷—巴西

Cataratas do Iguaçu
伊瓜苏瀑布

　　1542年，西班牙探险家阿尔瓦雷兹在拉普拉塔河一带探险，行进了1600千米后，发现了一个巨大的瀑布，并将其命名为"圣马利亚"。但他不知道，其实远在阿根廷还没有成立国家的时候，当地的瓜拉尼人就已经世代生活在伊瓜苏河的两岸了，而且已经为瀑布取了一个好听的名字——伊瓜苏。

　　在瓜拉尼人的语言中，"伊瓜苏"是"大水"的意思。没错，伊瓜苏就是大水，很多很多水，因为伊瓜苏瀑布位于南美洲中部，在阿根廷与巴西交界处的伊瓜苏河上。丰裕的河水从悬崖上轰然跌落，水量最大时可达6000多立方米/秒，1秒钟落下的水可以填满三四个标准的50米游泳池。

　　伊瓜苏大瀑布的形成与独特的地理环境有关。说到这里，不得不提一下巴西的巴拉那河谷。巴拉那河谷是南北走向的玄武岩层，而伊瓜苏河及其河床岩层走向恰好与巴拉那河垂直，两组岩层的走向相互交叉，在流水的侵蚀下，形成高大的断崖，于是就孕育了伊瓜苏瀑布。

　　欣赏伊瓜苏瀑布的最佳视角是在空中俯瞰，因为它不是一个单一的大瀑布，而是绵延数千米、由无数大小瀑布组成的瀑布群。在飞机上，就可以看

一只飞燕在瀑布的水雾中穿梭，它们似乎不受瀑布巨大轰鸣声的影响，反而善于利用瀑布激起的气浪飞行

当地印第安人对于伊瓜苏瀑布有一个美丽的传说：某部族首领之子站在河岸上，祈求诸神恢复他深爱的公主的视力，于是大地裂为峡谷，河水涌入，把他卷进谷里，而公主却重见光明，她成为第一个看到伊瓜苏瀑布的人

伊瓜苏瀑布位于巴西与阿根廷交界处的伊瓜苏河上。伊瓜苏河被河心岩岛和茂密的树木分隔成近300个大小瀑布，沿着山崖绵延4000米，成为世界上规模最大也最壮观的瀑布群

瀑布激起的水雾让伊瓜苏不断有彩虹产生。丛林之绿、河水之蓝、飞瀑之白，三种颜色构成一幅自然美景，并因一抹彩虹的点缀而格外生动

到宽阔的伊瓜苏河穿过葱郁的热带丛林，略带浑黄的河水向前流淌，突然遇到断崖，本来平静的水流一下子跌入深渊，激起漫天白色的水雾……

河水跌落的断崖为马蹄形，马蹄中间是伊瓜苏瀑布群中最壮观、也是水势最汹涌的一处，被称为"魔鬼的咽喉"。这个名字的来源一是因为水声巨大，在几千米外都能听到，让人联想到魔鬼的嘶吼声；二是因为水势惊人，被激起的波浪翻腾起伏，犹如不甘心落入地狱一般。

据统计，伊瓜苏河被河心岩岛和茂密的树木分隔成近300个瀑布，水位落差在60～82米，超过著名的美国尼亚加拉瀑布，而瀑布宽度仅次于非洲维多利亚大瀑布，如此宏伟、壮观的大瀑布，在全世界都很罕见。

伊瓜苏河本为巴西和阿根廷的界河，瀑布也是两国各占一半，两国都有"伊瓜苏瀑布公园"，于是总有人问哪边的更好？其实两边的景色各有千秋，因为它们分属河流两岸，角度不同，旅行的体验也不同，所以最好两边都去。

大瀑布最主要也是最美的部分，在阿根廷一方。早在1909年，阿根廷就首先建立了国家公园，开始开发旅游资源，面积达555平方千米。公园的步行道既可以通往瀑布下面，也可以通往瀑布上面。你甚至可以通过瀑布顶端的桥，与瀑布飞溅的水花亲密接触。公园里到处都是浑身湿淋淋的游人，因为只要你站到瀑布附近，空气中弥漫的水雾就能在1秒钟内让你全身湿透。这种体验非常有趣，没有水珠打到身上，更不会有"冷水从头淋到脚"的感觉，只有温柔洁白的浓重水雾把你整个包围，然后你的衣服和头发就变得可以拧出水来。据说瀑布激起的水雾中拥有一种"快乐因子"，看看被伊瓜苏大瀑布弄得全身湿透却兴奋无比的游客，你就会相信这一点。

阿根廷建立公园30年后，巴西也在伊瓜苏创建了国家公园，面积达1700平方千米，也是巴西最大的森林保护区。巴西一侧的公园里瀑布比较少，但是可以隔河欣赏到对岸瀑布群飞流直下的全景，也就是说，要想欣赏到属于阿根廷一侧的瀑布最美的景色，非到巴西一侧才行。巴西人搭建了一座长桥，一直通到白雾飘逸的"魔鬼的咽喉"前。当你颤颤悠悠走上悬桥时，顿时融入轰鸣声和水雾中，而"魔鬼的咽喉"虽然很近，但是因为水雾太大、太浓，根本看不到它的全貌，只能看到一些黑色的小鸟在雾中穿梭。巴西这一侧开发了游船项目，人们可以坐船逆水而上，在安全的范围内尽量靠近瀑布，体会船与激流的博弈，同时被瀑布的水雾弄成兴奋的"落汤鸡"。

　　因为伊瓜苏瀑布水汽丰沛，所以只要天气晴朗，每天瀑布区都会出现无数次彩虹。不管是在巴西一侧还是阿根廷一侧，都可以看到水雾随风飘荡，彩虹也跟着在空中漂移，或在峡谷、树林间飘舞，甚至从游人中间穿过的梦幻场景。联合国教科文组织分别于1984年、1986年将阿根廷、巴西两处伊瓜苏国家公园列为"世界自然遗产"。如今，伊瓜苏大瀑布已经作为一个整体成为人类的共同财富。

　　除去瀑布，两国的国家公园里都有大面积保存完好的热带雨林，雨林中的巨型玫瑰红树能长到40多米，高大的树木遮挡了阳光，树荫下生长着矮扇棕树等珍稀植物。林中栖息着许多珍禽异兽，如巨型水獭、短嘴鳄等濒危动物，还有巨嘴鸟等多种南美洲特有的鸟类，野生的长鼻浣熊根本不怕人，有时还会跑来跟游客索要食物。

　　规模宏大、水量丰富、景色壮美，加上大面积保存完好的森林与五颜六色的珍禽衬托，使伊瓜苏瀑布浑身上下散发出一种原始的气息，充满了美感。

从空中俯瞰，宽阔的伊瓜苏河突然遇到断崖，跌入深渊，激起白色水雾。这个V字形悬崖处形成的瀑布，就是伊瓜苏瀑布群最大的一个，被称为"魔鬼的咽喉"

长鼻浣熊是伊瓜苏瀑布附近森林里最常见的野生动物之一，它们胆子大、不怕人，经常出现在公园的小路上，甚至向游客索要食物

伊瓜苏瀑布的河水落差在60～82米，丰裕的河水从悬崖上轰然跌落，水量最大时可达6000多立方米/秒，1秒钟落下的水可以填满三四个标准的50米游泳池。而在当地原住民的语言里，"伊瓜苏"就是"大水"的意思，再贴切不过

25

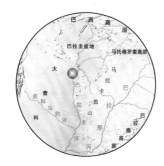

巴西—巴拉圭—玻利维亚

Pantanal
潘塔纳尔湿地

　　从安第斯山脉出发，在到达南美大陆的中心位置时，巴拉圭河似乎有些无所适从，不知该前往哪个方向，便索性在平坦开阔的大平原上恣意舒展开来，变成无数枝丫和水网，形成了世界上面积最大的湿地——潘塔纳尔。

　　潘塔纳尔湿地分布在巴西、巴拉圭与玻利维亚三国，面积约23万平方千米，主要由河流、湖泊、沼泽、草原和稀疏的常绿树林交织组成。湿地的主体在巴西境内的马托格罗索和南马托格罗索两州。在葡萄牙语中，"马托格罗索"的意思是"茂盛的草木"，而潘塔纳尔湿地的植物多达3500种，可见这两个州名是这里最简单直接的诠释。

　　潘塔纳尔湿地是地球上动植物最丰富的地区之一，也是全世界最佳的野生动物观赏地。这里人烟稀少，却有超过15万种的动物在此繁衍生息。这里有超过1000多种鸟类、400多种淡水鱼类、300多种哺乳动物、近500种爬行动物，还有近万种无脊椎动物，是全球生态系统最复杂也最丰富的地区之一。

　　公路边的天然水潭里，两米多长的凯门鳄随处可见，它们大多都在懒洋洋地晒着太阳，黑黝黝的铠甲反射着阳光。有人曾试图数一下鳄鱼的数量，

潘塔纳尔湿地正在从雨季进入旱季，原本连成大片的湖泊开始逐渐萎缩，化为相互分割的小湖、池塘，有些地方湖水已经完全干涸，曾经的湖底变成草地

潘塔纳尔湿地位于巴西西部与巴拉圭、玻利维亚交界处，这片湿地总面积23万平方千米，是世界最大的沼泽湿地区

潘塔纳尔是一片一望无际的冲积平原，涵盖着各种各样的生态区，如河道走廊、林场、常年存在着的湿地和湖泊、季节性的泛滥平原和陆生森林，四周则为山脉和平原所环绕，在地形上是一个相对较平坦的风景区，只有沿着由南至北和由西至东的方向上有少许弯曲

潘塔纳尔湿地清晨的平流雾

一条、两条、三条……超过两百时不得不放弃，因为数量多得实在数不过来。潘塔纳尔地区生活着超过1000万条鳄鱼，它们经常会出现在公路边、农田间、酒店的庭院里、私宅的池塘中……当地人说，这里的凯门鳄体型较小，最大不过两三米，最爱的食物是河里的鱼，因此这里的鳄鱼是完全可以跟人类和平相处的。

相对于鳄鱼，有些动物则有点害羞。外貌奇特的大食蚁兽，有着细长的管状脑袋，舌头从嘴里像蛇一样伸出来，这种体长将近两米的庞然大物，竟然是靠舔食小小的蚂蚁而生。它虽然没有牙齿，却有着强健的肢体和锋利的爪子，可以破坏坚固的白蚁巢穴。运气好的话，还可以看到食蚁兽背着它的孩子在草丛中穿行的场面。

这里的明星动物是美洲豹，也叫美洲虎，但不容易见到。美洲虎是南美洲最大的食肉动物，它们不是老虎也不是豹，而是它们的表兄弟。美洲虎生活得很隐秘，通常隐藏在湿地深处，伺机伏击水豚、貘等大型动物。美洲虎矫健而又优雅，能爬树、擅长游泳，又有一身美丽的斑点，巴西人称之为"昂萨"，这个词同时也有"帅哥"的意思。

与白天相比，夜间的潘塔纳尔更加热闹，特别是水边，喜欢白天躲在水中的貘、水豚都上岸吃草，蛙类在岸边开始了大合唱，夜行的鸟类无声地在空中滑翔而过。水豚是南美洲特有的动物，属于啮齿类，与老鼠是近亲，这种体重最大能到四五十千克、体型如大型犬、长了一张可爱长脸的动物，竟然是一种"巨鼠"。

潘塔纳尔终年没有寒冷，每年只有雨季和干季两个季节，6月到年末为干季，12月到来年5月是雨季，干季和雨季展现出迥然不同的样子，各有迷人之处。

雨季的时候，潘塔纳尔的平均水位上升3米，整个湿地会有80%的面积被水淹没，这里因此而变成一片草木葱郁的泽国水乡。湖泊、河流、沼泽把大地分割成无数分散而破碎的小岛，有些树林甚至直接浸泡在上涨的水中。这里的动物要么擅长游泳，要么擅长飞翔，要么具有猴子一样攀跃在不同树冠

王莲是南美洲特有的植物，它们的
荷叶直径接近2米，可以承载起十
多斤甚至更大的重量

不计其数的白鹭栖息在水很浅的池塘中，这是潘塔纳尔常见的景象。潘塔纳尔湿地也是地球上动植物最丰富的地区之一，生物种类和数量都不逊于亚马孙雨林

巨嘴鸟分布区广泛，生活在南美热带地区的森林中，巨大的嘴看起来与身体不成比例，其实嘴内部结构有很多空隙，非常轻

紫蓝金刚鹦鹉是世界上最大的鹦鹉之一，从头到尾羽末端的长度大约有1米。在潘塔纳尔，坚果是紫蓝金刚鹦鹉的主要食物，它们强大的喙可以打开像巴西栗这样的坚果

一只大食蚁兽涉水走过小溪。大食蚁兽有非常细长的鼻子和嘴，它们的舌头也同样细长，可以伸到蚁穴中舔食蚂蚁

一只宽纹裸尾犰狳在草地中觅食，它们最喜爱的食物是蚂蚁和白蚁。很多人认为犰狳都能够把自己团成球状，事实上，只有三带犰狳可以做到

一只凯门鳄张开巨口，从河中跃起

水豚是世界上最大的啮齿动物，它们是高度群居和社会化的动物，有时会上百只生活在一起。它们多半时间都在水边或水中生活，吃草、水生植物和水果。它们也是游泳和潜水的好手，为了躲避捕食者，最多可以在水下待5分钟

在潘塔纳尔，美洲豹堪称动物世界
的王者，它们是南美洲的顶级食肉
动物，在调节猎物种群数量、平衡
生态系统方面有着重要的地位

之间的本领。

　　雨季的潘塔纳尔草木兴盛，平静的水面倒映着蓝天白云，空气中涌动着勃勃生机。到了干季，这里则展示出另外一张面孔：宽阔无边的大湖被无情的干热风吞食，湖底露出水面，变成平坦的草原。这里的干季并不像非洲大草原那样干，大多数草木也能保持绿色，但是只有几条大河的主河道才能保持水流。

　　鸟兽可以逐水而居，可苦了那些没来得及逃离的鱼儿，它们只能在残存的水洼中苟延残喘。哪怕是以凶猛著称的食人鱼，此刻也只能在泥潭里挣扎，露出肚皮上标志性的橙红色。

　　干季之初，是食肉动物们的最后盛宴。几平方米的水坑中，有时会聚集数十条鱼，潜伏在旁边的鳄鱼只要张开嘴，就能享受到美餐。此时的鳄鱼必须饱餐一顿，否则难以熬过此后的几个月饥荒。大自然是严酷的，潘塔纳尔湿地的鳄鱼，每年只有一半左右能挺过干季，坚持到雨季的来临，它们有时会爬行数万米去寻找水源。生与死的更替，如同干季与雨季的循环一样，是潘塔纳尔湿地数万年来不变的自然旋律。适者生存的规律下，大自然只保留下最健康和强壮的动物。

　　潘塔纳尔除了是众多野生动植物的家园，湿地本身对我们也有着重大的意义和价值。湿地被誉为"地球之肾"，因为湿地是天然的水质净化系统，可以沉淀和分解水中所含的有害物质，使水质得到净化。因此，巴西于1981年在马托格罗索州建立了潘塔纳尔湿地国家公园，除了保护这里的野生动植物，也保护湿地这一世界最重要的"净水器"。

潘塔纳尔被誉为"世界上最生机勃勃的栖息地之一"，也是世界上观赏野生动物最容易的地方。这里生活着超过1000万条鳄鱼

26

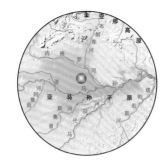

巴西

Complexo de Conservação da Amazônia Central
亚马孙中心综合保护区

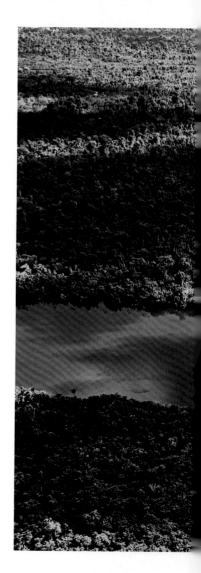

　　早期西方殖民者抵达亚马孙地区时，当地人说丛林深处居住着由强悍女武士组成的部落，于是，殖民者便把隐藏在浓郁而神秘的丛林中的这条大河命名为"女战士"，而它的发音为"亚马孙"。

　　至今，人们并没有在广袤的丛林里中找到女武士部落，但是"亚马孙"这个名字，却始终与"野性、原始"有着相同的含义。毕竟，这里是全世界最大的原始森林区、最大的野生动物栖息地，拥有地球上为数不多的未经现代人探索的处女地。

　　亚马孙河与它的支流，流域面积超过705万平方千米，跨越了巴西、哥伦比亚、秘鲁、委内瑞拉、厄瓜多尔、玻利维亚及圭亚那等多个国家。亚马孙河流域大部分地区为森林覆盖的平原，其中面积最大的保护区就是巴西的亚马孙中心综合保护区。这个占地约6万平方千米的保护区内有最具亚马孙特色的"洪泛森林生态系统"，这里森林茂密、湖泊和河流密布，是许多珍稀濒危动物的栖息地。

　　亚马孙地区拥有全世界一半的雨林。之所以被

雨林中的树木为了争夺阳光，竞相向上生长，很多树木能长到五六十米，为了保持稳定，树干基部常形成巨大的板根，以增加支撑力

亚马孙雨林有非常神奇的"洪泛森林生态系统"：雨季时，河水水位大幅度上涨，最高能上涨20米，河水漫入两岸森林数百到上千米，形成了奇特的"水浸森林"

蜿蜒流淌的亚马孙河

热带雨林中的生物种类多、密度
大，大型树木上往往寄生、附生着
很多植物和真菌，仿佛一个复杂而
奇妙的植物王国

雨季，河水大规模入侵森林，有些
地方甚至能进入森林内部一两千米
的地方

称为雨林，是因为这里常年湿润多雨。这里也有干季和雨季，只不过这种区分是相对而言的，因为即便在干季，也时常会下雨。而到了雨季，大西洋的暖湿气流能够深入南美洲大陆深处，给亚马孙全流域带来无比丰沛的降雨。

雨季时，亚马孙地区的很多河流水位大幅度上涨，最多的地方，河面能比干季时上涨20米，上涨的河水漫入森林，有时能延伸数千米，于是孕育出亚马孙地区特有的奇观——季节性水浸森林。所以在雨季到亚马孙地区，很多时候是要划船进入丛林的。丛林里长满高大的树木，当地土著划着小木船在森林里捕鱼，有时他们甚至需要随身带着砍刀，劈开树丛，才能让小船顺利通过。而在树林中行进的小船，船底有时会被水中的树枝剐蹭，还能看到小鱼停留在树叶上休息。

亚马孙是全世界最大的原始森林区，拥有全世界一半的雨林，是地球上为数不多的有待探索的处女地

干季，亚马孙流域的河流水位下降，河道面积大大缩减，雨季里被淹没的地方得以重见天日

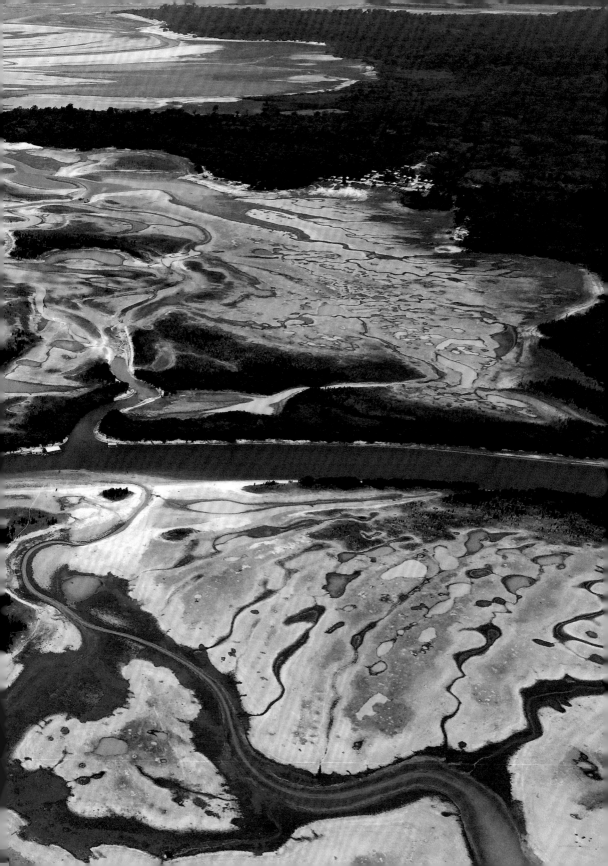

干季、雨季水位变化巨大这一特点，造成了很多有意思的现象。亚马孙的土壤并不太肥沃，但是这里的树木生长速度非常快，一是因为树木要参与对阳光的竞争，"个子矮"就难以晒到太阳，只能生活在大树的阴影中；另外一个重要原因就是在雨季会淹没雨林地区，如果不能快速生长，则有可能面临长达数月的"水下生活"。

在河水无法到达的丛林深处，林间的植物并不像大多数人想象得那样茂密，因为高大的树木遮挡着阳光，使林下比较幽暗，只有喜阴的植物稀疏生长。所以在亚马孙丛林中行走，虽然地上随时有倒伏的树木和蜿蜒的藤条挡路，但并不十分困难。

亚马孙流域是世界上最独特的一片区域，它的意义远不仅仅是一大片森林那么简单，这里还是全球重要的物种基因库。科学家无限感慨，进入亚马孙丛林深处才发现，被人类认识和记录过的物种远没有未知的物种多。这里孕育出世界上最丰富多彩的生命形式，是地球秘藏的生物宝库。如果没有亚马孙，地球生命会寂寞很多。

亚马孙以它丰富的野生动植物著称，这里到底有多少种动植物种，科学家至今没有定论。据估计有超过250万种昆虫，2000多种鸟类；高等植物的种类约占全球总数的一半，而无脊椎动物更是多得难以统计。

在陆地上，矫健的美洲虎、憨态可掬的貘、行动迟缓的树懒、色彩绚烂的金刚鹦鹉、看似柔弱却有剧毒的箭毒蛙……在河水中，神奇的亚马孙粉色河豚、长达5米的恐怖凯门鳄、恶名昭彰的食人鱼……都是大名鼎鼎的明星物种。

到亚马孙旅行，很多人是为了一睹这些野生动物的风采，虽然美洲虎、凯门鳄这类大型猎手往往生活在丛林深处，人们很难见到，而那些丰富多彩的鸟类、活泼可爱的猴子却随处可见。如果在水道中旅行，也经常能看到亚马孙河豚与从海中逆流而来的大西洋灰海豚一起捕鱼。

垂钓食人鱼也是很受欢迎的项目。食人鱼的学名叫食人鲳，俗称水虎鱼，这个名字反映出它们的最大特点——非常凶猛。特别是在干季，河水水位急剧下降，食人鱼集中在浅水湾中，如果有动物不慎落

亚马孙河豚是亚马孙流域特有的淡水豚类，它们三两成群，以河中的鱼类为食。因为河水浑黄、能见度差，亚马孙河豚更依赖声呐探测周边，接收信号的额头也显得格外鼓起

食人鱼尖利的牙齿令人生畏，成群活动的食人鱼非常凶猛，能在几分钟内把不慎落入水中的动物啃得只剩骨头

角雕是南美洲森林中最大最强壮的猛禽，翼展达2.2米，视觉敏锐，听力发达，爪子比棕熊还大。它们的主要猎物是在树上活动的树懒、猴子、长鼻浣熊等

一只银绒毛猴从一棵树飞跃到另一棵树，它的长尾巴帮助它在空中保持平衡。在亚马孙雨林的树冠中生活着许多灵长类动物，包括多种狨猴、蜘蛛猴，吼猴和绒毛猴等

蓝箭毒蛙是亚马孙雨林最有名的箭毒蛙之一，它们带着斑点的墨蓝色皮肤美得令人炫目，同时皮肤上的剧毒又让人畏惧

水，短时间内就会被疯狂的鱼群迅速啃成一副骨架。这种鱼虽然凶猛，但适宜垂钓，而且味道鲜美，不论是游客还是当地人，都喜欢把它当作美食。

亚马孙丛林之中生活着不少原住民部落。虽然很多原住民已经开始与外界接触，但是因为这里面积广大，很有可能还有我们从未遇到过的、与现代文明隔绝的原住民部落。

与很多地方的森林一样，亚马孙也面临着危机与问题，砍伐与开发、气候变化导致的森林退化都在威胁着这里。此外，这里的森林和土壤储存着巨量的碳元素，如果这些碳元素释放到空气中，将会对全球的气候产生严重影响。这些都意味着，保护亚马孙已经成为一个全球性的问题。

一只翠绿的绿拉美蜥静静地趴在枝条上，它身上的花纹是雨林中很好的保护色

一只黑白花狨同时用四肢抓住树枝。这种体长只有20多厘米的小猴子，是灵长类动物中比较原始的一类，它们只生活在巴西的部分亚马孙雨林地区，极度濒危

27

巴西

Brazilian Atlantic Islands
巴西大西洋岛屿

　　澎湃的潮水带着一股肃杀之气向岸边涌来，但当它碰到海滩的那一刻，瞬间被沙的柔软融化，轻柔地扫过银白色沙滩，然后悄然退去，只留下少数海星和贝壳等待着下一次涨潮。此时的海面宛如一块碧玉，由深到浅，呈现出翠绿、浅蓝、碧蓝、深蓝等不同颜色。水下的珊瑚若隐若现，还可以看到彩色的鱼儿在水中嬉戏。

　　在南美洲大西洋海域有这样一个旷世海岛，博得了世间许许多多的盛名美誉，被列入"全球五大蜜月圣地""全球十大潜水胜地""世界九大最佳拍摄地""世界最美丽的30个地方""全球4个超一流的冲浪小镇"等等，这就是巴西的大西洋岛屿之费尔南多·迪诺罗尼亚岛。2001年世界遗产委员会曾给予它这样的评价："南大西洋海底山脉的顶峰形成了远离巴西海岸的费尔南多·迪诺罗尼亚岛和罗卡斯环礁，它们代表了南大西洋大多数的海岛形态……"

　　巴西的大西洋岛屿距离巴西本土545千米，是海底火山活动形成的火成岩岛屿，主要由费尔南多·迪诺罗尼亚岛和罗卡斯环礁等21个岛礁组成，总面积26平方千米，其中主岛费尔南多·迪诺罗尼亚岛面积为18.4平方千米。这里属于热带气候，年平均气温26℃，旱雨两季分明。每年8月至翌年1月是干季，其余时间是雨季。

从空中俯瞰费尔南多·迪诺罗尼亚岛

费尔南多·迪诺罗尼亚岛有一段著名的金色沙滩，沙质细腻，颜色泛着淡淡的金黄，与清澈的浅色海水一起，组成了迷人的海岛风光

巴西大西洋岛屿由海底火山形成，它们的海岸线崎岖曲折，岛四周还有许多礁岩，形成物种丰富的热带浅海水域

大量燕鸥生活在罗卡斯环形礁群，礁群周边丰富的鱼类给水鸟提供了充足的食物

艳阳高照时，一群西鲈躲在礁石的阴凉处。在清澈的海水中可以看到大群的鱼，这让巴西大西洋岛屿成为世界著名的潜水圣地

除了鱼类，巴西大西洋岛屿附近海域还生活着很多其他动物，这是一只雌性绿蠵龟，它刚刚在沙滩上产完卵，正在返回海洋

罗卡斯环礁给游客展示出一幅怡人的海岸美景，潟湖和潮水坑星罗棋布，里面还有各种鱼类。图为黄斑刺盖鱼

海底密布着一群腹三列海胆，它们是南大西洋热带浅海的常见生物，但是只有在环境良好的地方，才能如此大量繁殖

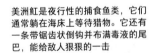

美洲魟是夜行性的捕食鱼类，它们通常躺在海床上等待猎物。它还有一条带锯齿状倒钩并布满毒液的尾巴，能给敌人狠狠的一击

角海鹦看起来像是海鸟中的小丑，虽然角海鹦主要在北太平洋生活，但也有一部分会到巴西的海岸越冬

巴西大西洋岛屿虽然以丰富的水下生物著称，但是岛上也不乏野生动物，特别是鸟类。这只头顶有着滑稽的冠羽的鸟叫凤头海雀，是岛上的常驻"居民"

罗卡斯环礁更是著名的潜水圣地，环礁、沙滩构成独特的"潮汐沼泽"。此时是涨潮时分，浅滩与大海相连，等到退潮时，两块凸起的岩石会与岛相连，它前面的浅滩则变为咸水沼泽湖

1502年，葡萄牙人费尔南多·迪诺罗尼亚在去巴西的探险途中发现了这座荒无人烟的小岛，随后以他的姓氏为岛屿命名。18世纪至20世纪早期该岛被当作罪犯流放地。1988年费尔南多·迪诺罗尼亚岛国家海底公园成立，占地112.7平方千米，其中85%是海洋。

费尔南多·迪诺罗尼亚岛拥有金黄色的沙滩、碧蓝色的海水，是真正的"碧海金滩"。海岛周围海洋动物种类繁多，是热带海鸟的繁殖地、野生动物的家园。岛上有很多重要的鸟类生活区，许多热带大西洋海鸟，包括黑燕鸥、红嘴热带鸟等都在这里繁衍后代。此外，海豚、海龟、石斑鱼、鳗鱼及鲨鱼等都在这里常驻。西南部的海豚湾中还有长嘴海豚定期造访，这是目前人类所知的唯一一个有长嘴海豚定期造访的海湾。

费尔南多·迪诺罗尼亚岛最美之处在于这里是一个天然的"水族馆"，海水中生活着各种珊瑚、海绵、海藻和230多种鱼，让人大饱眼福。这里的海水无比清澈，恰似一块晶莹剔透的水晶，能见度超过40米，且海浪小，是潜水的好地方。全岛遍布20多个潜水点，堪称潜水爱好者的天堂。在此潜水，你可以伴随着海龟深入蔚蓝的海水中，尽情窥视那绚丽多彩的海底王国，任凭色彩斑斓的鱼儿从你身边穿梭而过。你甚至可以去抚摸大海龟那光滑的脊背，就像和老朋友打招呼一样，这种经历绝对令你终生难忘。

同被列为"世界自然遗产"的巴西大西洋岛屿罗卡斯环礁保护区也是一个美丽的所在。罗卡斯环礁来自海山岩石基座上的暗礁构造，面积7.5平方千米。涨潮的时候，只有两个高达3米的礁石孤零零地屹立在海面上。而退潮后的罗卡斯环礁，则展现出一幅由礁湖和汇集了鱼群的潮汐沼泽共同构成的美丽海景。罗卡斯环礁拥有多种海洋鸟类，是南大西洋最大的黑燕鸥、褐燕鸥和蓝脸鲣鸟的栖息地。因此，罗卡斯环礁和费尔南多·迪诺罗尼亚岛一样，宛如大西洋上美丽的珍珠，熠熠发光。

前往费尔南多·迪诺罗尼亚岛只能乘坐飞机，而且没有从大城市直达的航班，沿途需要多次转机才行。这里每天只允许500人登岛过夜，进岛费用也比较高，包括环境保护税、海滩保护费、游玩的项目等。许多游客因此望而却步，这里也因为难得一见而越发显得神秘而美丽。

28

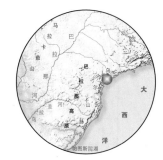

巴西

Discovery Coast Atlantic Forest Reserves
大西洋沿岸
热带雨林保护区

　　"热带雨林"总是能勾起人们极大的兴趣，就像动画片《里约大冒险》里展示的一样：广袤的热带雨林充满了无限诱惑、无尽宝藏和无穷幻想。巴西大西洋沿岸的热带雨林是世界上生物多样性最丰富的地区之一，遍布形形色色的动植物。这些动植物中的许多物种都极具当地特色，是一部鲜活的物种进化教科书，富有极高的科学价值和保护意义。

　　大西洋沿岸热带雨林保护区位于巴西东部海岸线的中段，主要在巴伊亚州和圣埃斯皮里图州。它由8个单独的保护区组成，拥有1120平方千米的森林。1991年，这里被联合国教科文组织列入世界生物圈保护区；1999年，又被列入"世界自然遗产名录"。这一带属湿润的热带雨林气候，年平均气温为22～24℃，年均降水量在1500至1750毫米之间，全年空气的相对湿度大约在80%。干季在每年一、二月份和八、九月份，不过即使是干季，也不会过于干旱，只是不像其他月份雨水那么多而已。

　　这里虽是热带雨林，但地形起伏复杂，既有平坦

溪流边生长的凤梨科植物

大西洋沿岸热带雨林保护区最主要的植被是热带阔叶林，它们被二三十米高的高大树木所遮掩。这里是世界上单位面积树种最多的地方

金色的狮面狨是最大的狨猴之一，
也曾是世界最濒危的灵长动物之
一，野生数量一度只有200多只。
虽然目前数量已经回升并趋于稳
定，但它们未来的命运取决于大西
洋雨林的保护程度

如果不算上尾巴，普通成年狨的体长还不到20厘米，这种狨猴原本主要分布在巴西东北部，现在已经随着人类的活动扩散到很多地方，对当地的鸟类造成威胁

巴西大西洋沿岸热带雨林保护区内最高的"巨人"是那些二三十米高的参天大树，它们枝繁叶茂，遮天蔽日，形成了一片"绿云"

日出时分，吼猴就开始发出咆哮般的合唱声，即使在植被茂密的雨林中，它们的叫声也能在数千米之外的地方被听到。这种叫声是为了宣示家庭的领地，避免冲突，也为喜欢观赏这种南美特有灵长类的游客寻找它们提供了可循的踪迹。黑吼猴是西半球体型最大的猴子，体重可达9千克

开阔的海岸沙滩，也有近海耸立的小岛，还有大片丘陵山地。从地层结构分析，这一地带曾经历了复杂且强烈的地质作用，因为地表的岩石种类从遥远的前寒武纪地层到最近的第四纪沉积物都有。也许正是因为经历过太多"沧海桑田"的变化，这里的动植物种类才多得难以计数。

这里是世界上单位面积树种最多的地方。据调查，在巴伊亚州南部每公顷森林中有458种不同的树种，圣埃斯皮里图州的森林则达到476个树种。山峰、丘陵、海滩等多元化的地貌，让这里的植被也呈现出不同的变化。在沙滩中，植被从潮湿的草原和灌木层到低矮的森林逐渐变化。在裸露的沙石地区，生长着藤蔓植物、兰花属植物和地衣等一些特定的耐旱植物。这里极其丰富的热带雨林举世闻名，层次分布极强——保护区内最高的"巨人"是那些二三十米高的参天大树，它们枝繁叶茂，遮天蔽日，形成了一片"绿云"；"绿云"的遮掩孕育出湿润的生长条件，为热带阔叶林创造了极好的生存环境，热带阔叶林是保护区内最主要的植被，为这里穿上了"绿衣"；再往下，就是浓密的灌木丛林、地衣、苔藓等，为大地铺上了"绿毯"。整个雨林保护区从上到下满眼绿色，净化着你的心灵。

由于当地复杂的生物变异，人们目前难以准确区分出不同种类动物的栖息地。有的动物生活在沼泽地，有的生活在植被带。保护区内还有一些大西洋沿岸雨林特有的动物，如树懒、箭猪、美洲虎和小型长尾猴；更有大量的珍贵动物，如狮面狨属、绒毛蛛猴属等。遗憾的是，当地从殖民时代开始，就大规模开垦土地种植甘蔗和扩建城市，许多物种遭到滥杀。据估计，剩下的动植物种类已经不到原有数量的10%。

除去自然资源的巨大价值外，大西洋沿岸热带雨林保护区还是近代史上欧洲殖民者侵占新大陆时期的唯一历史见证，当地留下了大量人文历史遗迹。巴西历史上第一个教堂遗址就是在保护区北波尔图的一个峭壁上发现的。

大西洋沿岸热带雨林保护区位于巴西东部海岸线的中段，主要在巴伊亚州和圣埃斯皮里图州。保护区中有高山、丘陵和沿海沙丘等不同环境，这里还是世界上单位面积树种最多的地方

29

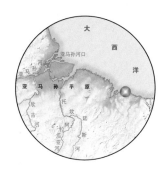

沙丘间的湖泊中生长水生植物，这些植物适应了干季和雨季的巨大差异，并在湿润的雨季集中开花

巴西

Parque Nacional Lençóis
伦索伊斯国家公园

　　如果没有来过伦索伊斯国家公园，恐怕很难想象世上还有沙丘与海共存的奇景。你可以说这里有着最独特的海景，因为沙丘与海共存；也可以说这里是最美丽的沙地，因为炫目的白色连绵起伏，与深蓝色的海水交相辉映。每当1—6月的雨季结束时，沙丘间还会出现数以千计的淡水湖，形成沙湖连缀的奇景。这样的奇景总让人以为是电脑合成的图片，殊不知却是真实的存在。

　　伦索伊斯国家公园建于1981年，位于巴西东北部赤道附近的马拉尼昂（Maranhao）州，占地300平方千米。巴西最大规模的岸边沙丘带就在此地，这里聚集着连片的沙丘海，白色沙丘从海岸边一直向内陆延伸50千米，如同那铺在海边沙滩上巨大洁白的床单，"伦索伊斯"正是葡萄牙语"床单"的意思。这里是沙漠与海水在大自然画布上共同描绘的独特景观。白色沙丘与蓝色潟湖色彩交融，动静结合，令人心醉神迷。蓝湖是国家公园里最受欢迎的景点，湖中有各种各样的小鱼。

　　雨季造就了伦索伊斯国家公园无与伦比的世间奇景。这里丰富的降雨会在沙丘之间形成众多的淡水湖。每当雨季来临，丰沛的雨水填满了沙丘间的低洼处。沙

巴西并没有真正意义上的沙漠，但海边有一处非常奇特的沙丘地带——伦索伊斯海岸沙丘。它位于巴西北部沿海，临近赤道，面积近1000平方千米，也是巴西最大的沙丘地带，因为沙丘带中有很多湖泊，也被叫作"千湖沙地"

虽然是大片沙地，但伦索伊斯并不干旱。每年1—6月的雨季，大量雨水汇集起来，在沙丘之间形成淡水湖泊。阳光下，湖水倒映着蓝天，形成沙丘与湖塘交织连缀的奇景

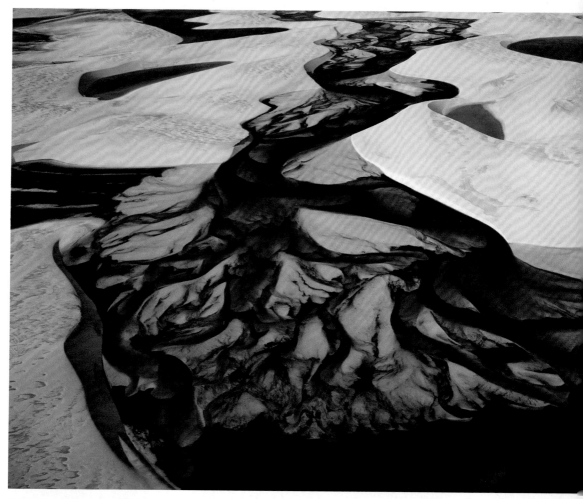

伦索伊斯国家公园中有一条河流过，河水因携带着上游森林地区的腐殖质而呈现出黑褐色，在流经沙丘时形成了颇具艺术效果的景观，为白色的沙丘绘制出大理石般的花纹

当地人赶着羊群到沙丘间的湖泊中饮水。伦索伊斯海岸沙丘附近生活着不少居民，干季放牧、雨季捕鱼是当地人的生活常态

丘的隆起又困住了雨水，使之无法流走。如此一来，整个地面看上去就像一块块明镜镶嵌在沙丘当中，又像无数碎银随意撒落其间。阳光照耀下，湖水熠熠生辉，沙丘上白色的沙砾也折射出五彩光芒。经过一天左右，沙丘干透后又经大风的再次塑形，造就成沙地的各种形状。雨季还会使沙丘之间的谷地上诞生新的湖泊，有些湖泊长达90米、深3米。当河流穿过沙丘地带时，会将这些湖泊连通起来，也带着鱼类完成从一个水域到另一个水域的迁徙。

雨季结束后，湖泊里的水会在炎热的天气下被蒸发掉，水面平均每个月下降1米，湖面变小或干涸，直到完全成为沙丘的领地。每年7—12月的干季里，持续不断的东北风把沙丘向内陆推移，同时这把大自然的"雕刻刀"又塑造出了沙丘的种种奇形怪状。在风和洋流的塑造下形成的新月形沙丘，连绵成白茫茫一片，最高可达40米，异常壮观。这种生态系统被称为沙洲型湿地，即拥有灌木植被的淡水湖泊，雨季时大部分都会被淹没，而到了干季则会重新露出的生态交错带。

在伦索伊斯国家公园里，有一条河穿行，因为流经森林区域，河水中含有大量腐殖质，因此河水呈现出很深的暗黑色。这样的河水流过白色的沙丘，留下了像大理石一样的纹理。而在伦索伊斯国家公园的池塘内，茂盛的藻类生长区又将池塘水变成蓝色或绿色。所以，这里水的颜色也由于环境的复杂而多变，绚烂至极。

伦索伊斯国家公园内还生活着筑巢的鸟类、乌龟和鱼类。奶粉一样细腻洁白的沙子和波光闪烁的积水正是这些动物的避风港，而公园边缘的红树林则是螃蟹、蛤蜊和鸟类的栖息地。国家公园里是有人类生活的，这里的居民以放羊、捕鱼和种植为生，其劳作方式随着季节变化而变化，他们与大自然共生息、同命运、和谐相处，是真正的"自然之子"。

在伦索伊斯沙丘带边缘是沙与树林争夺地盘的战场。这里曾经有条小河，河边生出了一片红树林，但是现在沙丘吞没了这一地区，只留下突兀的树桩

沙丘的西部边缘是一片红树林湿地，奶粉一样细腻洁白的白色沙带与绿色的森林界限分明，关于这里白色沙子的来历，至今没有确切的说法

30

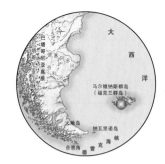

阿根廷与英国争议岛屿

Islas Malvinas
马尔维纳斯群岛

　　1982年英国和阿根廷为争夺南大西洋上的一群小岛而爆发了一场局部战争，让一群名不见经传的偏远小岛顿时成为万众瞩目的焦点。如今，群岛上的壕沟、雷区、弹坑和士兵墓地等战争留下的创伤依然存在。然而，拂去战争的硝烟，这群小岛并不安于重归默默无闻，而是以其得天独厚的自然之美吸引着世界各地的旅游者。这群小岛有两个名字，一个是马尔维纳斯群岛，得名于法国早期探险队的出发地圣马洛港；另一个名字叫福克兰群岛，则是由英国人命名的。通常拉美国家把它称为"马尔维纳斯群岛"，而英国等西方国家则把它叫作"福克兰群岛"。

　　马尔维纳斯群岛（简称马岛）位于南美洲大陆东南方的南大西洋海域，西距举世闻名的麦哲伦海峡约500千米。这里既是通往南极地区的大门，又是大西洋进入太平洋的海上交通要道，因此具有极为重要的战略地位。英国和阿根廷都宣布自己拥有这片群岛的主权，经过一场战争，现在这里仍然为英国控制。

　　马尔维纳斯群岛包括两个主岛：索莱达岛（东福克兰岛）和大马尔维纳岛（西福克兰岛），周围

马尔维纳斯群岛气候寒冷湿润，年平均气温只有5℃。大风寒冷的天气让岛上少有树木生长，但是岩石上却常见地衣和苔藓

马尔维纳斯群岛的冬季，荒野被白雪覆盖，太阳徘徊在地平线上，低低地照着结冰的溪流。这片群岛位处南纬51°～52°，冬季白昼十分短暂

马尔维纳斯群岛位于南美洲大陆东南方的南大西洋海域，地处海上交通要道，具有极为重要的战略地位。英国和阿根廷都宣布自己拥有这片群岛的主权，经过一场战争，这里现为英国控制

马尔维纳斯群岛包括两个主岛和周围数百座小岛，岛上岩石嶙峋，
地形复杂

还有数百座小岛，总面积12 173平方千米。海岸曲折，地形复杂。马岛的首府是阿根廷港（斯坦利港），集中了群岛2/3的人口。马岛居民多是英国人后裔，信奉基督教，通用语言为英语。人口几乎全部居住在两个主岛上，其他绝大多数岛屿荒无人烟，特别是海岸线附近，大多被野生动物占据。

马岛气候寒湿，年均气温为5℃。年均降水量625毫米，一年中雨雪天气多达250天。又冷又湿的自然环境不太适合人类居住，但却受到耐寒野生动物的欢迎。企鹅、鸬鹚、信天翁、海狮、海象等众多动物把这里当成自己的乐园。有些动物始终居住在马岛上，有些南极动物则把这里当成越冬或繁殖地。

马岛是名副其实的"企鹅王国"。每年，全球2/3数量的企鹅要顶着狂风巨浪造访这里。在阿根廷港附近的基德尼湾，数量庞大的巴布亚企鹅、王企鹅、跳岩企鹅和麦哲伦企鹅成群结队来到这里生儿育女，繁殖后代。数以万计的企鹅忙着筑巢，用叫声呼唤寻找着自己的心上人。基德尼湾附近的约克湾那平坦的弧形海滩，已然成为企鹅的爱情天堂。月光下，海平如镜，企鹅们密密麻麻地挤在一起，卿卿我我地说着情话，让人类都生出几许羡慕。

值得一提的是，战争在马岛留下了150个雷区约2.5万颗未引爆的地雷，多分布在首府阿根廷港周围。有意思的是，人类唯恐避之不及的雷区却成了企鹅等动物安宁生活的乐园——因为企鹅体躯较轻，不易引爆地雷。可见，任何事物都具有两面性，雷区的存在对人类来说是灾难，对动物来说却是幸运。

每年12月到翌年1月，海狮们会聚集在谢菲尔德以南的海滩上。如果游人无意中步入一段僻静的海滩，就可能与海狮们不期而遇。这群生性好静的可爱动物"傻乎乎"地聚集在一起发呆，躺在海边的石头上晒太阳，偶尔翻个身，让身体均匀受热。

据统计，马尔维纳斯群岛有65种南美洲罕见的鸟类，包括黑眉信天翁、福克兰鹬、游隼和条纹长脚鹰等。特别是马岛中的海狮岛上生活着40多种鸟类和5种企鹅。来到岛上，人们会发现自己置身于千千万万只企鹅、野鹅、海鸥等鸟类之中，海滩上则趴着上百只肥壮的海狮和巨大的海象。海里的浪

蓝眼鸬鹚可以潜至25米深的海中，它们在靠近海边的岩石上繁殖，马尔维纳斯群岛上有超过100处蓝眼鸬鹚的集群繁殖地

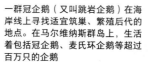

一群冠企鹅（又叫跳岩企鹅）在海岸线上寻找适宜筑巢、繁殖后代的地点。在马尔维纳斯群岛上，生活着包括冠企鹅、麦氏环企鹅等超过百万只的企鹅

一只麦氏环企鹅站在自己地下巢穴的入口处，似乎正在观望天气情况。麦氏环企鹅体型较小，抵御寒冷的能力不如体型大的企鹅，它们主要生活在南美洲南部的岛屿上，马尔维纳斯群岛是它们的重要栖息地

王企鹅是体型仅次于帝企鹅的大型企鹅，它们在马尔维纳斯群岛和南极半岛上繁殖。这些企鹅肚子下面鼓起来是因为下面藏着正在孵化的企鹅蛋

涛间则经常能看到成双结对的海豚游过。

　　马尔维纳斯群岛没有任何工业污染，周边海水湛蓝，环境优美。每当夏日，马岛一片苍翠，宛若一颗颗绿色的明珠镶嵌在南大西洋上。马岛以畜牧业为主，土地基本都作为牧场，悠闲吃草的羊群是群岛上最常见的景象。由于气候冷，高大的树木很难生长，植物多低矮浓密，形成大片的草原和低矮的灌丛。寒冷湿润的气候抑制了草木质的完全腐烂，地表堆积起了厚厚的泥煤层，可用作燃料。

夏季，有超过40万对黑眉信天翁在马尔维纳斯群岛繁殖，之后它们会飞到南美洲海岸线附近觅食过冬

南象海豹母子躺在海滩上休息，它们是世界上最大的食肉动物之一，也是除鲸类以外潜水深度最深的哺乳动物，最深的纪录有2133米